建筑施工特种作业人员安全技术培训教材

附着升降脚手架架子工

建筑施工特种作业人员
安全技术培训教材编审委员会　组织编写
湖北省建设工程质量安全协会　主　编

中国建筑工业出版社

图书在版编目（CIP）数据

附着升降脚手架架子工／建筑施工特种作业人员安全技术培训教材编审委员会组织编写；湖北省建设工程质量安全协会主编．—北京：中国建筑工业出版社，2019.5

建筑施工特种作业人员安全技术培训教材

ISBN 978-7-112-23548-3

Ⅰ.①附… Ⅱ.①建…②湖… Ⅲ.①附着脚手架-工程施工-安全培训-教材 Ⅳ.① TU731.2

中国版本图书馆CIP数据核字（2019）第058263号

本书作为针对建筑施工特种作业人员之一附着升降脚手架架子工的培训教材，紧紧围绕《建筑施工特种作业人员管理规定》、《建筑施工特种作业人员安全技术考核大纲（试行）》、《建筑施工特种作业人员安全操作技能考核标准（试行）》等相关规定，对建筑附着式升降脚手架架子工必须掌握的安全技术知识和技能进行了讲解，全书共5章，包括：基础理论知识，附着式升降脚手架专业知识，附着式升降脚手架的安拆和升降，附着式升降脚手架的使用与维护，安全事故及处理。本书针对附着升降脚手架架子工的特点，本着科学、实用、适用的原则，内容深入浅出，语言通俗易懂，形式图文并茂，系统性、权威性、可操作性强。

本书既可作为附着升降脚手架架子工的培训教材，也可作为附着升降脚手架架子工参考书和自学用书。

责任编辑：范业庶 张 磊 王华月

责任校对：芦欣甜

建筑施工特种作业人员安全技术培训教材
附着升降脚手架架子工
建筑施工特种作业人员安全技术培训教材编审委员会 组织编写
湖北省建设工程质量安全协会 主编

*

中国建筑工业出版社出版、发行（北京海淀三里河路9号）
各地新华书店、建筑书店经销
北京建筑工业印刷厂制版
北京建筑工业印刷厂印刷

*

开本：850×1168毫米 1/32 印张：$6\frac{5}{8}$ 字数：177千字
2019年8月第一版 2019年9月第三次印刷
定价：**24.00**元
ISBN 978-7-112-23548-3
（33704）

版权所有 翻印必究
如有印装质量问题，可寄本社退换
（邮政编码 100037）

建筑施工特种作业人员安全技术培训教材编审委员会

主　　任：胡永旭　张鲁风

副　主　任：邵长利　范业庶

编委会成员：（按姓氏笔画排序）

王　启	王　辉	王　强	王立东	王兰英
文　俊	甘京铁	厉天数	卢健明	田华强
白　晶	邝欣慰	吕济德	刘振春	孙　冰
李昇平	李维波	李锦生	李新峰	杨象鸿
步向义	肖鸿韬	时建民	吴　杰	邱世军
余　斌	宋　渝	张晓飞	陆　凯	陈　钊
陈幼年	陈光明	陈胜文	幸超群	林东辉
周　涛	赵　锋	赵子萱	钟花荣	闻　婧
祝汉香	秦立强	袁　明	贾春林	徐　波
殷晨波	黄红兵	梁尔军	梁永贵	韩祖民
喻惠业	滑海穗	熊　琰		

本书编委会

主　　　编：祝汉香　文　俊

副　主　编：陈光明　黄红兵　陈　立　李新峰　贾春林
　　　　　　常　彤

主编单位：湖北省建设工程质量安全协会

副主编单位：武昌区建筑管理站
　　　　　　中建三局集团有限公司
　　　　　　武汉建工集团股份有限公司
　　　　　　武汉竹安工程设备管理有限公司
　　　　　　武汉天蝎建筑装备有限公司

序　言

中共中央、国务院2016年12月9日颁发的《关于推进安全生产领域改革发展的意见》中明确指出，"安全生产是关系人民群众生命财产安全的大事，是经济社会协调健康发展的标志，是党和政府对人民利益高度负责的要求。"

建筑业是我国国民经济的重要支柱产业。改革开放以来，我国建筑业快速发展，建造能力不断增强，产业规模不断扩大，吸纳了大量农村转移劳动力，带动了大量关联产业，对经济社会发展、城乡建设和民生改善作出了重要贡献。建筑安全生产管理工作也取得了很大成绩。从总体上看，全国建筑安全生产形势呈不断好转之势，但受施工环境和作业特点等所限，特别是超高层、大体量的建设工程逐年递增，施工现场不安全因素较多，建筑安全生产形势依然非常严峻。建筑业仍属事故多发的高危行业之一，每年发生的事故起数和死亡人数有着较大波动性。因此，建筑安全生产是建筑业和工程建设发展的永恒主题，必须以习近平新时代中国特色社会主义思想为指引，牢固树立以人为本、安全发展的理念，坚持"安全第一、预防为主、综合治理"方针，坚持速度、质量、效益与安全的有机统一，强化和落实建筑业企业主体责任，防范和遏制重特大事故，防止和减少违章指挥、违规作业、违反劳动纪律行为，促进建设工程安全生产形势持续稳定好转。

建筑施工特种作业，是指在建筑施工活动中容易发生事故，对操作者本人、他人的安全健康及设备、设施的安全可能造成重大危害的作业。直接从事建筑施工特种作业的人员，称为建筑施工特种作业人员。因此，抓好建筑施工特种作业人员的专业培训教育，实行持证上岗，对于保障建筑施工安全生产具有极为重要的意义。

本系列教材的编写依据主要是《建筑施工特种作业人员管理规定》（建质[2008]75号）、《关于建筑施工特种作业人员考核工作的实施意见》（建办质[2008]41号）。根据建筑施工特种作业人员的分类和《建筑施工特种作业人员安全技术考核大纲》（试行）所规定的考核知识点，本系列教材共编为12本。其中，《特种作业安全生产基本知识》是综合性教材，适用于所有的建筑施工特种作业人员；其余11本为专业性用书，分别适用于建筑电工、普通脚手架架子工、附着升降脚手架架子工、建筑起重司索信号工、塔式起重机械司机、施工升降机司机、物料提升机司机、塔式起重机械安装拆卸工、施工升降机安装拆卸工、物料提升机安装拆卸工、高处作业吊篮安装拆卸工。

本系列教材的编写工作，得到了黑龙江省建筑安全监督管理总站、河南省建筑安全监督总站、湖北省建设工程质量安全协会、浙江省建筑业行业协会施工安全与设备管理分会、山东省建筑安全与设备管理协会、湖南省建设工程质量安全协会、重庆市建设工程安全管理协会、江苏省建筑行业协会建筑安全设备管理分会、广东省建筑安全协会、安徽省建设行业质量与安全协会、江苏省高空机械吊篮协会和高空机械工程技术研究院以及有关方面专家们的大力支持，分别承担和完成了本系列教材的各书编写工作。特此一并致谢！

本系列教材主要用于建筑施工特种作业人员的业务培训和指导参加考核，也可作为专业院校和有关培训机构作为建筑施工安全教学用书。本书虽经反复推敲，仍难免有不妥之处，敬请广大读者提出宝贵意见。

建筑施工特种作业人员安全技术培训教材编审委员会
2018年12月

前　言

建筑施工特种作业人员是指在房屋建筑和市政工程施工活动中，从事可能对本人、他人及周围设备设施的安全造成重大危害作业的人员。建筑施工特种作业人员必须经建设主管部门考核合格，取得建筑施工特种作业人员操作资格证书（以下简称"资格证书"），方可上岗从事相应作业。

近年来随着附着式升降脚手架越来越多地运用到高层建筑中，其操作人员的技术水平直接影响着施工现场的施工进度和安全生产，《附着升降脚手架架子工》作为针对建筑施工特种作业人员之一附着式升降脚手架架子工的培训教材，旨在提高建筑施工特种作业人员的操作技能、掌握相关规范标准，紧紧围绕《建筑施工特种作业人员管理规定》、《建筑施工特种作业人员安全技术考核大纲（试行）》、《建筑施工特种作业人员安全操作技能考核标准（试行）》等相关规定，对附着式升降脚手架架子工必须掌握的安全技术知识和技能进行了讲解，全书共五章，包括：基础理论知识，附着式升降脚手架专业知识，附着式升降脚手架的安拆和升降，附着式升降脚手架的使用与维护，安全事故及处理等，并附有相应附录验收表格，以便读者拓宽知识面，了解培训考核要点，便于读者掌握相应操作技能和操作规范。《附着升降脚手架架子工》针对架子工的特点，本着科学、实用、适用的原则，内容深入浅出，语言通俗易懂，形式图文并茂，系统性、权威性、可操作性强。《附着升降脚手架架子工》既可作为架子工的培训教材，也可作为施工现场工具式脚手架管理者常备参考书和自学用书。

全书由湖北省建设工程质量安全协会组织，祝汉香、文俊同志担任主编，陈光明、黄红兵、陈立、李新峰、贾春林、常彤同志为副主编，田密、周桥同志为编委成员，教材在编写过程中得到了武昌区建筑管理站、中建三局集团有限公司、武汉建工集团股份有限公司、武汉天蝎建筑装备有限公司、武汉竹安工程设备管理有限公司的大力支持，在此表示感谢。

尽管如此，本书在内容和编排上不免存在错误和不当之处，敬请广大专家学者和读者提出批评和修改意见。

2018 年 12 月

目 录

1 基础理论知识 … 1
  1.1 熟悉施工现场安全用电基本知识 … 1
    1.1.1 施工现场临时用电的特点 … 1
    1.1.2 施工现场临时用电原则 … 2
    1.1.3 施工现场临时用电的基本保护系统 … 10
  1.2 熟悉力学基本知识 … 15
    1.2.1 力的基本概念 … 16
    1.2.2 静力学公理 … 19
    1.2.3 杆件基本变形 … 22
    1.2.4 结构几何稳定性 … 25
    1.2.5 脚手架荷载传递分析和受力简图 … 27
  1.3 了解电工基本知识 … 31
    1.3.1 电流、电压、电阻、电功率 … 31
    1.3.2 直流电路、交流电路和安全电压 … 35
    1.3.3 常用低压配电装置 … 40
  1.4 了解钢结构基本知识 … 50
    1.4.1 钢结构的特点 … 50
    1.4.2 常用的型钢规格 … 52
    1.4.3 钢材的特性 … 55
    1.4.4 钢结构的连接 … 58
    1.4.5 桁架结构 … 60
  1.5 机械基础知识 … 62
    1.5.1 机械的概念 … 62

  1.5.2　连接件与紧固件 ·· 62
1.6　液压传动基础知识 ·· 68
  1.6.1　液压传动的基本原理 ·· 68
  1.6.2　液压系统的主要元件 ·· 70
  1.6.3　液压油 ··· 74
1.7　起重吊装基础知识 ·· 75
  1.7.1　物体重量的计算 ··· 75
  1.7.2　物体重心的计算 ··· 78
  1.7.3　吊点的选择 ·· 79
  1.7.4　常用起重吊具索具 ·· 80

2　附着式升降脚手架专业知识 ································· 91
2.1　附着式升降脚手架概述 ··· 91
  2.1.1　附着式升降脚手架的概念 ··································· 91
  2.1.2　附着式升降脚手架类型和结构形式 ······················· 91
2.2　了解附着式升降脚手架安全专项方案的主要内容 ······ 92
2.3　附着式升降脚手架构造 ··· 94
  2.3.1　附着式升降脚手架的组成 ··································· 94
  2.3.2　附着式升降脚手架的构造措施 ···························· 95
2.4　常用附着式升降脚手架的构造和工作原理 ··············· 100
  2.4.1　吊拉式附着升降脚手架 ···································· 100
  2.4.2　导轨式附着升降脚手架 ···································· 102
  2.4.3　导座式附着升降脚手架 ···································· 106
  2.4.4　液压式附着升降脚手架 ···································· 108
2.5　附着式升降脚手架的提升设备及动力控制系统 ········· 110
  2.5.1　附着式升降脚手架的提升设备 ·························· 110
  2.5.2　附着式升降脚手架的动力控制系统 ···················· 114
2.6　附着式升降脚手架同步控制系统 ···························· 115
  2.6.1　荷载增量监控系统 ·· 115
  2.6.2　机械式荷载预警系统 ······································· 116

2.7 附着式升降脚手架的防坠装置 ·················117
  2.7.1 摆针式防坠器 ····················117
  2.7.2 棘轮式防坠器 ····················118
  2.7.3 斜面滚轮式防坠器 ················119
  2.7.4 楔钳制动式防坠器 ················120
  2.7.5 凸轮式防坠器 ····················122
  2.7.6 穿心拉杆式防坠器 ················124
2.8 附着式升降脚手架的防倾覆装置 ···············125
  2.8.1 防倾覆装置的作用 ················125
  2.8.2 防倾覆装置的设置要求 ············125
  2.8.3 防倾覆装置的结构形式 ············125

3 附着式升降脚手架的安拆和升降 ··········127
  3.1 安装前的准备工作 ·····················127
    3.1.1 基本要求 ························127
    3.1.2 施工方案编制和审批 ··············127
    3.1.3 安全技术交底 ····················128
  3.2 附着式升降脚手架的安装 ················128
    3.2.1 辅助安装平台搭设、加固的质量要求 ·····128
    3.2.2 架体的组装 ······················129
    3.2.3 预埋管的安装 ····················140
    3.2.4 附墙支座的安装 ··················142
    3.2.5 升降机构的安装 ··················143
    3.2.6 智能提升系统的安装 ··············146
  3.3 附着式升降脚手架特殊部位的处理方法 ······148
    3.3.1 附着式升降脚手架分组布置 ········148
    3.3.2 圆弧位置布置 ····················149
    3.3.3 转角位置布置 ····················149
    3.3.4 附着式升降脚手架与施工电梯处的处理 ·······149
    3.3.5 塔式起重机附臂处的处理 ··········150

####### 3.3.6 物料平台的使用 ·······················151
3.4 附着式升降脚手架的提升 ····················155
######## 3.4.1 提升前将信息告知相关作业班组、人员 ···155
######## 3.4.2 提升前的准备工作 ·····················155
######## 3.4.3 架体提升运行阶段 ·····················156
######## 3.4.4 架体恢复阶段 ·························157
3.5 附着式升降脚手架的下降 ····················157
######## 3.5.1 架体下降流程 ·························157
######## 3.5.2 架体下降前准备 ·······················158
######## 3.5.3 架体下降过程中的安全注意事项 ·········158
######## 3.5.4 附着式升降脚手架升降过程中的监控 ·····160
3.6 附着式升降脚手架的拆除 ····················161
######## 3.6.1 准备工作 ·····························161
######## 3.6.2 架体拆除 ·····························162
######## 3.6.3 钢管式附着升降脚手架拆除 ·············162
######## 3.6.4 全钢附着式升降脚手架拆除 ·············165
######## 3.6.5 拆架时的安全注意事项 ·················167
######## 3.6.6 成品保护 ·····························168

4 附着式升降脚手架的使用与维护 ················169
4.1 附着式升降脚手架的使用 ····················169
######## 4.1.1 附着式升降脚手架使用过程中严禁进行
的作业 ·····························169
######## 4.1.2 附着式升降脚手架的安全使用 ···········169
4.2 附着式升降脚手架的维护保养 ················170
######## 4.2.1 架体构架 ·····························170
######## 4.2.2 附着支承结构 ·························171
######## 4.2.3 升降机构 ·····························171
######## 4.2.4 防坠装置 ·····························171
######## 4.2.5 防倾覆装置 ···························172

4.2.6　控制系统 ……………………………………… 172
4.3　附着式升降脚手架常见故障及处置方法 …………… 172
　　4.3.1　升降时低速环链葫芦断链 …………………… 172
　　4.3.2　升降时架体与支模架相碰 …………………… 173
　　4.3.3　预埋孔堵住与斜拉杆遗漏 …………………… 173
　　4.3.4　防坠装制失灵 ………………………………… 174
　　4.3.5　荷载控制器失灵 ……………………………… 174
　　4.3.6　斜拉杆附着边梁拉裂 ………………………… 175
　　4.3.7　升降时电控柜控制开关跳闸 ………………… 175
　　4.3.8　架体局部外倾 ………………………………… 175
　　4.3.9　附墙支座、吊挂件的紧固螺杆弯曲
　　　　　甚至剪断 ……………………………………… 176

5　安全事故及处理 ………………………………………… 177
　5.1　附着式升降脚手架安全预防措施 ………………… 177
　　5.1.1　升降架上吊点强制安全标准 ………………… 177
　　5.1.2　防雷、冻雨、暴雪、雷雨、大风天气
　　　　　技术措施 ……………………………………… 178
　　5.1.3　季节性施工安全技术要求 …………………… 179
　5.2　附着式升降脚手架各类紧急情况处置措施 ……… 181
　　5.2.1　安装过程中的紧急情况处置 ………………… 181
　　5.2.2　升降过程中的紧急情况处置 ………………… 182
　　5.2.3　使用过程中的紧急情况处置 ………………… 185
　　5.2.4　拆除过程中的紧急情况处置 ………………… 186
　5.3　附着式升降脚手架事故案例及分析 ……………… 187
　　5.3.1　某附着式升降脚手架坠落事故 ……………… 187
　　5.3.2　某附着式升降脚手架严重变形事故 ………… 188

附录　附着式升降脚手架验收表 ………………………… 190

1 基础理论知识

1.1 熟悉施工现场安全用电基本知识

1.1.1 施工现场临时用电的特点

施工现场临时用电是指为建筑施工工地现场提供电力，以满足建筑工程建设用的需求。在建筑施工现场，随着施工机械化和自动化程度的不断提高，用电场所越来越广泛，可以说没有电力也就没有现代化的建筑施工。施工用电具有大容量和临时使用的双重性质，容易使施工企业在电线架设、电气元件、电缆质量的选择、各类电器的选配以及电路的设置等方面存在短期行为，从而使用电事故的发生概率大大增加，特别是因漏电而引发的人身触电伤害事故的概率也随之增加，建筑施工中触电伤亡事故已成为建筑业"五大伤害"之一。

1. 建筑施工现场临时供用电具有明显的特点

（1）临时供用电是一项系统工程，涉及人员（设计人、安装人、使用人）、机械（各类型的用电设备）、材料（电缆、电线、开关电器和安全防护用品等）、方法（设计图、施工工艺）、环境（现场工作环境及气候条件）各个环节。

（2）临时供用电具有一定的临时性和不稳定性。当建设工程施工正常进行时，这个供电系统必须能保证正常工作，以满足施工用电的要求；当建设工程施工完成时，这个供电系统的工作也就结束，因此，施工现场供电是临时性供电。

（3）临时供用电工作条件受地理位置和气候条件影响大。电气装置、配电线路、用电设备等易受风吹、日晒、雨淋、污染和腐蚀介质的侵害，使绝缘性能降低，还极易发生意外机械损伤、绝缘损坏并导致漏电，造成事故隐患。

（4）临时供用电施工机械具有相当大的周转性和移动性，尤其是手持电动工具，随着施工的进展不断地移动，供电导线很容易被现场材料、物件等缠绕。

（5）临时供用电涉及的人员多，且施工现场是多工种交叉作业的场所，非电气专业人员使用电气设备相当普遍，而这些人员的安全用电知识和技能水平又相对偏低。因此，人体触电伤害事故较其他场所更易发生。

临时供电的特点要求必须认真地设计临时用电方案，使其达到安全、可靠的目的。

2．建筑施工供电应考虑的问题

（1）选择合适的电源。

（2）确定施工工地总用电量。

（3）选择电源的最佳位置。

（4）在平面图上布局供电线路支路线和干线。

（5）计算配电导线截面积。

（6）绘制电力供应平面布置图。

综上所述，搞好施工现场安全用电是一项十分重要的工作。为了有效防止施工现场各种意外的触电伤害事故，保障人身安全、财物安全，应在用电技术上采取完备、可靠的安全防护措施，严格按《施工现场临时用电安全技术规范》JGJ 46—2005 的要求实施。

1.1.2 施工现场临时用电原则

《施工现场临时用电安全技术规范》JGJ 46—2005（以下简称《规范》）确立了建筑施工现场临时用电的三项基本原则：一是必须采用TN-S接零线保护系统，二是必须采用三级配电系统，三是必须采用两级漏电保护系统。

1．TN-S 系统

为了对 TN-S 系统有正确认识，我们首先了解供电系统的基本方式，如图 1-1 所示。建筑工程供电使用的基本供电系统有三相三线制、三相四线制等，但这些名词术语不是十分严格的。1983 年国际电工委员会（IEC）对此作了统一规定，称为 TT 系统、TN 系统、IT 系统。其中 TN 系统又分为 TN-C、TN-S、TN-C-S 系统。

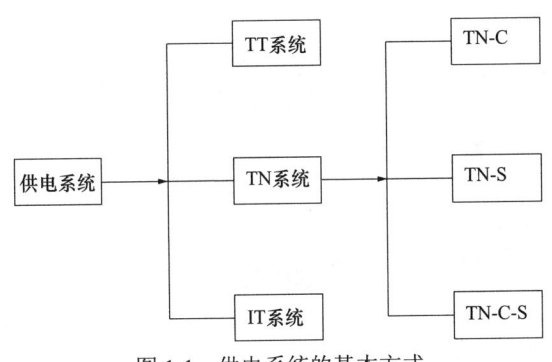

图 1-1　供电系统的基本方式

（1）TT 系统：TT 系统是指将电器设备正常情况下不带电的金属外壳直接接地的保护系统，亦称接地保护系统，它的特点如下：

1）当电器设备的金属外壳带电（相线碰壳或设备绝缘损坏而漏电）时，由于有接地保护，可以大大减少触电的危险性。

但是，低压断路器（自动开关）不一定能跳闸，造成漏电设备的外壳对地电压高于安全电压，属于危险电压。

2）当漏电电流比较小时，即使有熔断器也不一定能熔断，所以还需要漏电保护器保护。

3）TT 系统接地装置耗用的钢材多，而且难以回收，费工时，费料。

4）TT 系统适用于接地保护点很分散的地方。如图 1-2 所示。

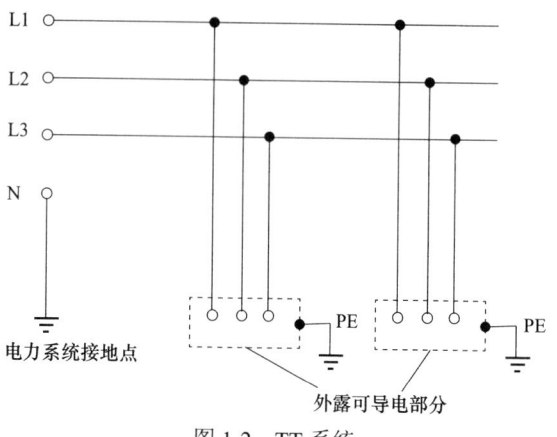

图1-2 TT系统

（2）TN系统：这种供电系统是将电气设备的金属外壳与工作零线相接的保护系统，称接零保护系统。一旦设备出现外壳漏电，接零保护系统能将漏电电流上升为短路电流，这个电流很大，是TT系统的5.3倍，实际上就是单相对地短路故障电流，熔断器熔丝会熔断，低压断路器的脱扣器会立即动作而跳闸，使故障设备断电，比较安全。TN系统节省材料、工时，在我国应用广泛，比TT系统优点多。TN系统又分为TN-C、TN-S、TN-C-S系统。

1）TN-C系统：它是用工作零线兼作接零保护线，可以称作保护性中性线，用PEN表示，该系统的特点如下：

① 当三相负载不平衡时，工作零线上就有不平衡电流，对地有电压，所以与保护线所连接的电气设备金属外壳都有一定的电压。

② 如果工作零线断线，则保护接零的漏电设备外壳带电（断线点后面的所有设备）。

③ 如果电源的相线碰地，则设备的外壳电位升高，使中性线上的危险电位蔓延。

④ TN-C系统干线上使用漏电保护器时，工作零线后面的所

有重复接地必须拆除，否则漏电开关合不上闸；而且，工作零线在任何情况下都不得断线。所以，实用中工作零线只能让漏电保护器的上侧有重复接地。

⑤ TN-C 系统（图 1-3）只适用于三相负载基本平衡的情况。

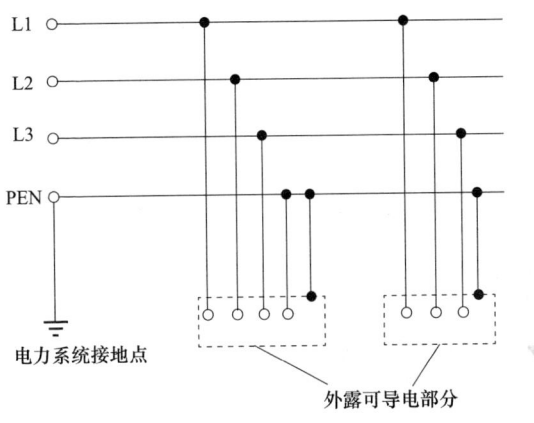

图 1-3　TN-C 系统

2）TN-S 系统：它是把工作零线 N 和专用保护零线 PE 严格分开的供电系统，称做 TN-S 系统，它的特点如下：

① 系统正常运行时，专用保护线上没有电流，只是工作零线上有不平衡电流。PE 线对地没有电压，所以电气设备金属外壳接零保护是接在专用的保护线 PE 上的，既安全又可靠。

② 工作零线只用做单相或三相四线制用电设备。

③ 干线上使用漏电保护器时，工作零线不得重复接地，而 PE 线有重复接地，但不经过漏电保护器，所以 TN-S 系统供电干线上也可以安装漏电保护器。

④ 保护零线 PE 上严禁装设开关或熔断器，严禁通过工作电流，且严禁断线。

⑤ 采用 TN-S 接零保护系统安全可靠，适用于工业与民用建筑低压供电系统。在建筑工地必须采用 TN-S 方式供电系统。如图 1-4 所示。

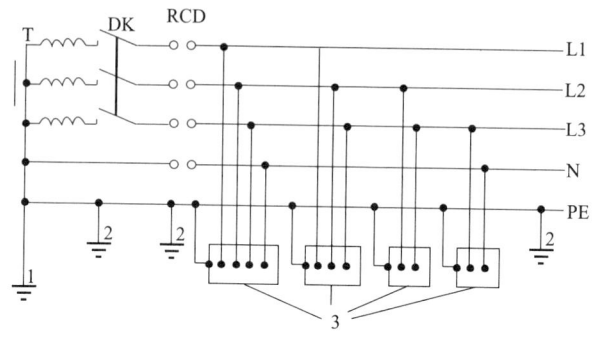

图 1-4 TN-S 系统
1—工作接地；2—PE 线重复接地；
3—电气设备金属外壳（正常不带电的外露可导电部分）

3）TN-C-S 系统：是干线上部分保护零线与工作零线前部分共用，后部分分开的系统。它的特点如下：

① 工作零线 N 与保护零线 PE 合一的部分线路，由于负载不平衡，所以零线上有一定的电压，这个电压的大小取决于 ND 线的负载不平衡的程度及 ND 段线路的长短。所以要求负载不平衡电流不能太大，而且在 PE 线上应作重复接地。

② PE 线在任何情况下都不得进入漏电保护器，因为线路末端的漏电保护器动作会使前级漏电保护器跳闸造成大范围停电。

③ 对 PE 线除了在总箱处必须和 N 线相接以外，其他各分箱处均不得把 N 线与 PE 线相连，PE 线上不许安装开关和熔断器，也不得用大地兼作 PE 线。如图 1-5 所示。

（3）IT 方式供电系统：是电源中性点不接地或经过高阻抗接地而电气设备外壳进行接地的保护系统。它的特点如下：

1）在供电距离不很长时，供电的可靠性、安全性好。

2）设备漏电时，单相对地漏电电流很小，不会破坏电源电压的平衡。

3）此系统适用于不允许停电的场所，或者是要求严格地连续供电的地方，如电力炼钢、大医院的手术室、地下矿井等。如图 1-6 所示。

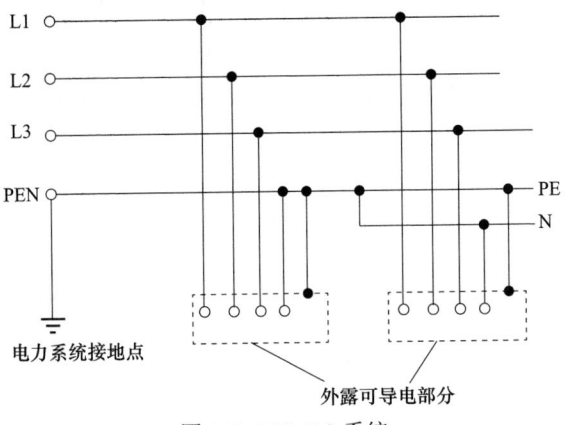

图 1-5 TN-C-S 系统

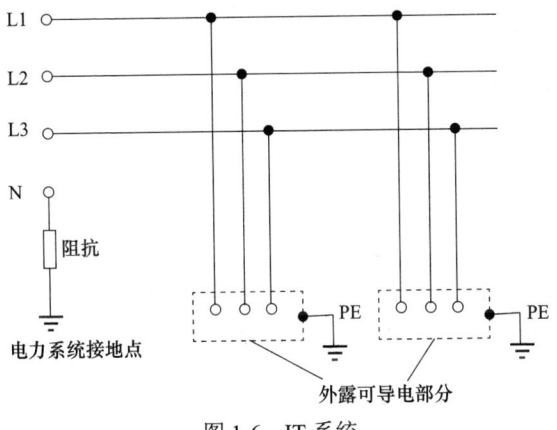

图 1-6 IT 系统

通过上述各供电系统的分析,在建筑施工现场采用 TN-S 方式接零保护系统,既安全又可靠,这也是规范所要求的,如果现场为 TN-S 供电系统,照用即可,如果现场为 TN-C 或 TT 方式系统,则在总配电箱处作一组重复接地,从零线端子板分出一条保护线 PE,构成局部 TN-S 系统。

2. 三级配电系统

所谓三级配电系统是指施工现场从电源进线开始至用电设备

之间，经过三级配电装置配送电力，即由总配电箱（一级箱）或配电室的配电柜开始，依次经分配电箱（二级箱）、开关箱（三级箱）到用电设备。这种分三个层次逐级配送电力的系统就称为三级配电系统，如图1-7所示。

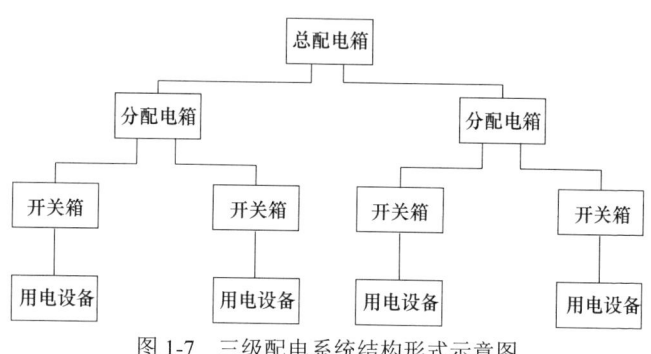

图1-7　三级配电系统结构形式示意图

为了保证所设三级配电系统能够安全、可靠、有效地运行，在实际设置系统时还应遵守一些必要的规则，即分级分路规则、动力照明分设规则、压缩空间距离规则、环境安全规则。

（1）分级分路规则

1）从一级总配电箱（配电柜）向二级分配电箱可以分路。即一个总配电箱（配电柜）可以分若干分路向若干分配电箱配电；每一分路也可以分支接若干分配电箱。

2）从二级分配电箱向三级开关箱配电同样也可以分路。即一个分配电箱也可以分若干个分路向若干开关箱配电，而每一分路也可以支接或链接若干开关箱。

3）从三级开关箱向用电设备配电实行所谓"一机一闸"制，不存在分路问题。即每一开关箱只能控制一台与其相关的用电设备（含插座，包括一组不超过30A负荷的照明器）或每一台用电设备必须由其独立专用的开关箱。

按照分级分路规则的要求，在三级配电系统中，任何用电设备均不得超级配电，即其电源线不得直接联结于分配电箱或总配电箱；任何配电装置不得挂接其他临时用电设备。

（2）动力照明分设规则

1）动力配电箱与照明配电箱宜分别设置，若动力与照明合置于同一配电箱内共箱配电，则动力与照明应分路配电。

2）动力开关箱与照明开关箱必须分箱设置，不存在共箱分路设置问题。

（3）压缩配电间距规则

压缩配电间距规则是指除总配电箱（或配电室的配电柜）外，分配电箱与开关箱之间，开关箱与用电设备之间的空间距离应尽量缩短。按照《规范》的规定，压缩配电间距规则有三个要点，即：

1）分配电箱应设在用电设备或负荷相对集中的场所。

2）分配电箱与开关箱的距离不得超过30m。

3）开关箱与其供电的固定式用电设备的水平距离不宜超过3m。

（4）环境安全规则

环境安全规则是指配电系统对其装置和运行环境安全因素的要求。环境安全规则要求：

1）环境应保持干燥、通风、常温。

2）周围无易燃易爆物及腐蚀介质。

3）能避开外物撞击、强烈振动、液体浸溅和热源烘烤。

4）周围无灌木、杂草丛生，易引来鼠、蛇、雷电等引发电器事故。

5）周围不堆放器材、杂物，宜通行，并保证设备大门正常开启，人员有操作空间。

6）配电设备不应放在低洼、下雨宜被浸泡的部位。

3．两级漏电保护

两级漏电保护包括两个内容，一是设置两级漏电保护系统；二是专用保护零线PE的设施，二者组合形成了施工现场防触电的两道防线。

（1）两级漏电保护是指在整个施工现场临时用电系统中，总配电箱中必须装设漏电保护器，所有开关箱中也必须装设漏电保护器。

（2）在施工现场临时用电系统中，采用 TN-S 系统，是在工作零线（N）以外又增加了一条保护零线（PE），是十分必要的。当三相火线用电量不均匀时，工作零线 N 就容易带电，那么随着 PE 线在施工现场的敷设和漏电保护器的使用，就形成一个覆盖整个施工现场防止人身（间接接触）触电的安全保护系统。

（3）漏电保护器的选择应符合国标《漏电电流动作保护器（剩余电流动作保护器）》GB/Z 6829—2008 的要求。

1.1.3 施工现场临时用电的基本保护系统

在施工现场的用电系统中，不论其供电方式如何，都属于电源中性点直接接地的 380/220V 三相四线制低压电力系统。为了保证在用电过程中，系统能够安全可靠的运行，并对系统本身在运行过程中可能出现的诸如接地、短路、过载、漏电等故障进行自我保护，在系统结构配置中必须设置一些与保护要求相适应的子系统，即接地保护系统、过载与短路保护系统、漏电保护系统，它们的组合就是用电系统的基本保护系统。

1. 接地保护系统

（1）接地保护系统的基本分类

前面已经介绍过，在电源中性点直接接地的低压电力保护系统中，电气设备的接地保护系统分为三大类：一类是 TT 系统；一类是 TN 系统；另一类为 IT 系统。TN 系统又分为三种基本形式：TN-C 系统、TN-S 系统、TN-C-S 系统，而施工现场的保护系统为 TN-S 系统。

（2）TN-S 系统的确定

1）在施工现场用电工程专用的电源中性点直接接地的 380/220V 三相四线制低压电力系统中，必须采用 TN-S 接零保护系统，严禁采用 TN-C 接零保护系统。

2）当施工现场与外电线路共用同一供电系统时，电气设备的接地、接零保护应与原系统保持一致。不得一部分设备作保护接零，另一部分设备作保护接地。

3）TN-S 接零保护系统对 PE 线的设置与要求。

① PE 线的引出位置。对专用变压器供电时的 TN-S 接零保护系统，PE 线必须由工作接地线、配电室（配电柜）电源侧零线处或总漏电保护器电源侧零线处引出。

② PE 线与 N 线的连接关系。经过总漏电保护器后 PE 线与 N 线应分开，而后不得再作电气连接。

③ PE 线与 N 线的应用区别。PE 线是保护零线，只用于连接电气设备外露可导电部分，其在正常工作情况下无电流通过，且与大地等电位；N 线是工作零线，作为电源线用于连接单相设备或三相四线设备，在正常工作情况下会有电流通过，被视为带电部分，且对地呈现电压。所以，在实用中不得混用和代用。

④ PE 线的重复接地。PE 线的重复接地不应少于三处，应分别设置于供配电系统的首端、中间、末端处，每处重复接地电阻（指工频接地的电阻值）不大于 10Ω。

重复接地必须与 PE 线相连接，严禁与 N 线相连接，否则 N 线中的电流将会分流经大地和电源中性点工作接地处形成回路，使 PE 线对地电位升高而带电。

PE 线重复接地的目的：一是降低 PE 线的接地电阻；二是防止 PE 线断线而导致接地保护失效。

⑤ PE 线的绝缘色。为了明显区分 PE 线和 N 线，以及相线，按照国际统一标准，PE 线一律采用绿、黄双色绝缘线，在任何情况下，不准用黄、绿双色线作负荷线。

2. 过载与短路保护系统

过载是指用电系统线路或设备中的电流在运行过程中超过设计规定限值的状态。短路是指用电系统线路或设备在运行过程中负载阻抗突然消失,而线路或设备中的电流迅速达到某种极限值的状态。过载或短路对用电系统来说都是一种非正常的运行状态或者说是一种故障。这种故障不仅对用电系统本身有极大的危害,而且对使用用电系统的人和财产也具有极大的潜在危害。

(1) 过载与短路故障的危害

1) 过载的危害

根据电流的热效应与电流的平方成正比的关系可知,当配电线路或用电设备过载时,线路或设备的发热量就要增加,伴随着温度也要升高。当温度超过了其绝缘允许温升时,绝缘就要被烧毁,以致被点燃并引发短路、火灾和触电伤害。有时即使过载不多,也会由于长时间过热,加速绝缘老化,而使线路或设备漏电增加,失去正常运行功能,并有潜在导致短路和人体触电的危险。

2) 短路的危险

短路可视为一种极限过载状态,当配电线路或用电设备发生短路时,由于瞬间绝缘和负荷阻抗消失,电流剧增,因而常常伴随着因绝缘和空气被击穿而引发的弧光放电和因剧烈电流热效应引发的气体剧烈膨胀的爆裂声。在这种情况下,不仅短路点周围的人体会受到触电、弧光、灼热、机械的伤害,而且很容易点燃邻近的易燃易爆物,引发电器火灾。如不及时消除,其危害范围会迅速扩大。

(2) 过载与短路保护系统设置的要点

1) 采用三级过载与短路保护系统。所谓采用三级过载与短路保护系统是指在施工现场基本配电系统三级配电装置的总配电箱(配电柜)、分配电箱、开关箱中,均应设置熔断器或断路器。其中断路器允许用兼有漏电保护功能的漏电断路器取代。

2) 多回路配电装置的总路和分路中均应设置熔断器或断路器。即在总配电箱(配电柜)、分配箱的总路和分路中都要设置熔断器或断路器。

3．漏电保护系统

漏电是电气系统的不同带电体之间及带电体与正常不带电的外露可导电部分之间，因绝缘损坏而出现的传导性泄漏电流的一种非正常现象或故障。它不仅对用电系统本身的安全运行具有很大的危害，尤其是对使用用电系统的人和财产具有更大的潜在危害。

（1）漏电对用电系统的危害

1）漏电对用电系统的危害主要表现在使系统运行过程中电压、电流不稳定、电能损耗增加，严重时导致系统局部或全部停电。

2）漏电对人身的危害

漏电对人身的危害主要表现在以下三个方面：第一，当用电系统的设备或线路发生漏电时，程度不同的使电气设备外露可导电部分带了电，而且是正常不带电部分变为带电部分，同时呈现出对地电压。如果地面上的人体无意中接触到这些部分，就会受到触电的伤害，这种触电称为间接接触触电。第二，电气设备或线路何时何部位漏电，漏电程度如何，人们是无法预知的，也就是说因漏电而对人体造成触电伤害具有很难预测的潜在危险。第三，电气设备的外露可导电部分在正常情况下是不带电的，所以人们在心理上、精神上就很自然地失去因接触它而意外发生触电伤害的警觉。由此可见，这种间接接触触电，从某种意义上来说，比人体直接接触到在正常情况下即带电的带电体所发生的所谓直接接触触电的危险性和危害性更大。

3）漏电对财产的危害

漏电对财产的危害主要表现在漏电引致电火并烧毁财产的危害。在许多场合电气设备或线路漏电往往伴随着电火花或电弧的产生，如果其周围存着易燃易爆物，则会被点燃并引致火灾。由此引致的电气火灾无疑会给财产造成损失，有时对火灾场所的人员也会造成巨大的伤害。

（2）漏电保护系统设置要点

1）采用二级漏电保护系统。是指在施工现场基本供配电系统的总配电箱（配电柜）和开关箱首、末二级配电装置中，设置漏电保护器。其中，总配电箱（配电柜）中的漏电保护器可以设置于总路，也可以设置于各分路，但不必重叠设置。

2）实行分级、分段漏电保护原则。实行分级、分段漏电保护的具体体现是合理选择总配电箱（配电柜）、开关箱中漏电保护器的额定漏电动作参数。从确保防止人体间接接触触电危害角度出发，对设置开关箱和总配电箱的漏电保护器的漏电动作参数作出如下规定：

① 开关箱中漏电保护器的额定漏电动作电流不应大于30mA，额定漏电动作时间不应大于0.1s。

使用于潮湿或有腐蚀介质场所的漏电保护器应采用防溅型产品，其额定漏电动作电流不应大于15mA，额定漏电动作时间不应大于0.1s。

② 总配电箱中漏电保护器的额定漏电动作电流应大于30mA，额定漏电动作时间应大于0.1s，但其额定漏电动作电流与额定漏电动作时间的乘积不应大于30mA·s。

③ 总配电箱和开关箱中漏电保护器的极数和线数必须与其负荷的极数和线数一致。

④ 漏电保护器应按产品说明书安装、使用。对搁置已久重新使用或连续使用的漏电保护器应逐月检测其特性，发现问题应及时修理或更换。漏电保护器的正确使用接线方法应按图1-8所示选用。

⑤ 漏电保护器的电源进线类别（相线或零线）必须与其进线端的标记一一对应，不允许交叉混接。更不允许将PE线当N线接入漏电保护器。

⑥ 漏电保护器在结构选型时，宜选用无辅助电源型（电磁式）产品，或选用辅助电源故障时能自动断开的辅助电源型（电子式）产品。不能选用辅助电源故障时不能断开的辅助电源型（电子式）产品。如果选用了，应同时设置缺相保护。

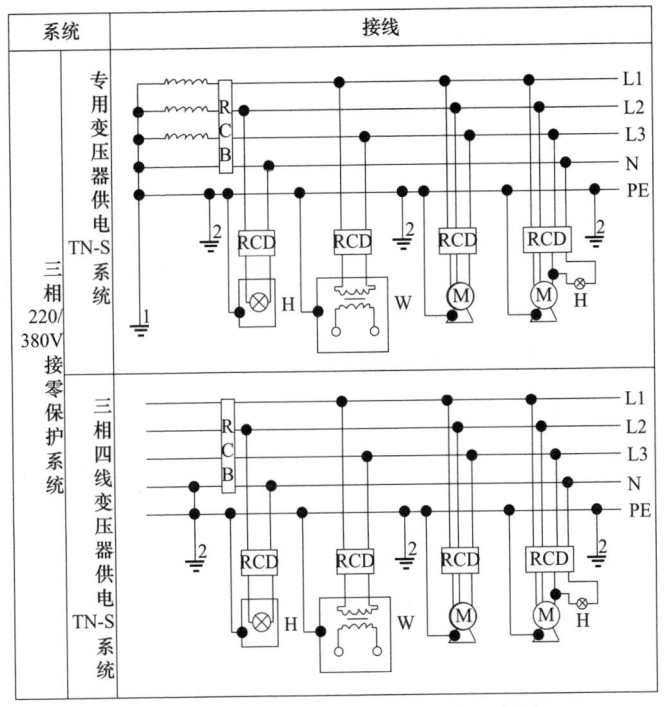

图 1-8 漏电保护器使用接线方法示意图

L1、L2、L3—相线；N—工作零线；PE—保护零线、保护线；
1—工作接地；2—重复接地；T—变压器；RCD—漏电保护；
H—照明器；W—电焊机；M—电动机

1.2 熟悉力学基本知识

建筑工程中的各类建筑物，如房屋、桥梁、脚手架等，都是由许许多多构件组合而成的。这些建筑物在建造之前，都要由设计人员对组成它们的构件——进行受力分析，对构件的尺寸、所用材料进行结构计算，这样才能保证建筑物的牢固和安全。建筑力学便是为这些建筑结构的受力分析和计算提供理论依据的一门学科。

1.2.1 力的基本概念

1. 力

力是一个物体对另一个物体的作用，它包括两个物体，一个叫受力物体，另一个叫施力物体，其效果是使物体的运动状态发生变化或使物体发生变形。

力使物体运动状态发生变化的效应称为力的外效应，使物体产生变形的效应称为力的内效应。力是物体间的相互机械作用，力不能脱离物体而独立存在。

力对物体的作用效果取决于三个要素：力的大小、方向、作用点。力的大小反映物体间相互机械作用的强弱程度，它可以通过力的外效应和内效应的大小来度量。力的方向表示物体间的相互机械作用具有方向性，它包括力所顺沿的直线（称为力的作用线）在空间的方位和力沿其作用线的指向。力的作用点是物体间相互机械作用位置的抽象化。力的三要素中的任何一个如有改变，则力对物体的作用效果也将改变。

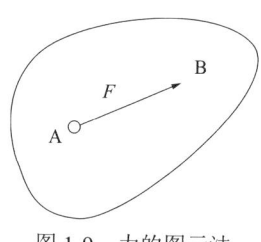

图1-9 力的图示法

力的三要素表明力是定位矢量，可用一条沿力的作用线的有向线段来表示。此有向线段的起点或终点表示力的作用点；此线段的长度按一定的比例表示力的大小；此线段与某定直线的夹角表示力的方位，箭头表示力的指向。图1-9表示物体A点受到力F的作用。

在国际计量单位制中，力的单位用牛顿（N）或千牛顿（kN）表示。工程上习惯采用千克力（kgf）和吨力（tf）表示。它们之间的换算关系为：

1 牛顿（N）= 0.102 千克力（kgf）；

1 吨力（tf）= 1000 千克力（kgf）；

1 千克力（kgf）= 9.80665 牛顿（N）；

工程上通常粗略地按 1 千克力（kgf）= 10 牛顿（N）进行换算。

2. 力矩和力偶

（1）力矩

从实践中知道，力除了能使物体移动外，还能使物体转动。试观察用扳手拧紧螺母（见图1-10），力 F 使扳手连同螺母绕 O 点（即绕通过 O 点垂直于纸面的轴）转动。由经验得知，力越大，螺母拧得越紧，力的作用点离螺母中心越远，拧紧螺母时越省力。用钉锤拔钉子（图1-11）也具有类似的性质。

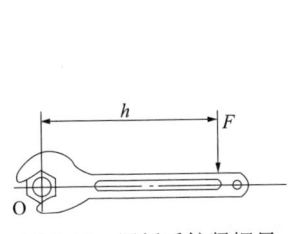 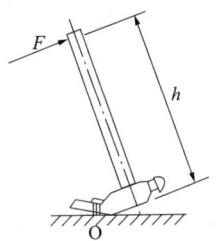

图1-10　用扳手拧紧螺母　　图1-11　用钉锤拔钉子

通过许多这样的实例，得到一种概念：力 F 使物体绕 O 点转动的效应，不仅与力的大小有关，而且还与力的作用线到 O 点的垂直距离 h 有关，因此乘积 Fh 就是力的转动效应的度量，该乘积取适当的正负号，称为力 F 对 O 点的矩，简称力矩。正负号用以区别力 F 使物体绕 O 点转动的方向，所以力矩可用一个代数量表示，如图1-12所示。

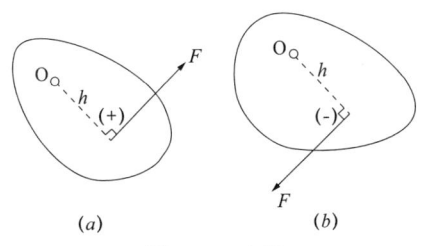

图1-12　力矩

力矩的概念可以推广到普遍情形中，设平面上作用一力 F，在同平面内任取一点 O 称为矩心，O 点到作用线的垂直距离 h

称为力臂，则在平面问题上，力对点的力矩的定义如下：

力对点的力矩可以用一个代数量表示，其绝对值等于力的大小和力臂的乘积，它的正负号通常规定为力使物体绕矩心逆时针方向转动时为正，反之为负。

力 F 对 O 点的力矩可用符号 $Mo(F)$ 表示，其计算公式为：
$$Mo(F) = \pm Fh$$

力矩在下列两种情况下等于零：力等于零、力的作用线通过矩心。力矩的单位为牛顿·米（N·m），也可用千牛·米（kN·m）。

（2）力偶

实际生产生活中，经常会遇到两个大小相等的反向平行力作用于物体的情形。例如，司机转动转向盘（图 1-13），钳工用丝锥攻螺纹（图 1-14），以及人们用手指旋转水龙头等，都是这样加力的。两个大小相等、作用线不重合的反向平行力组成的力系，称为力偶（图 1-15），可记作（F，F'）。力偶中两力之间的垂直距离 d 称为力偶臂。

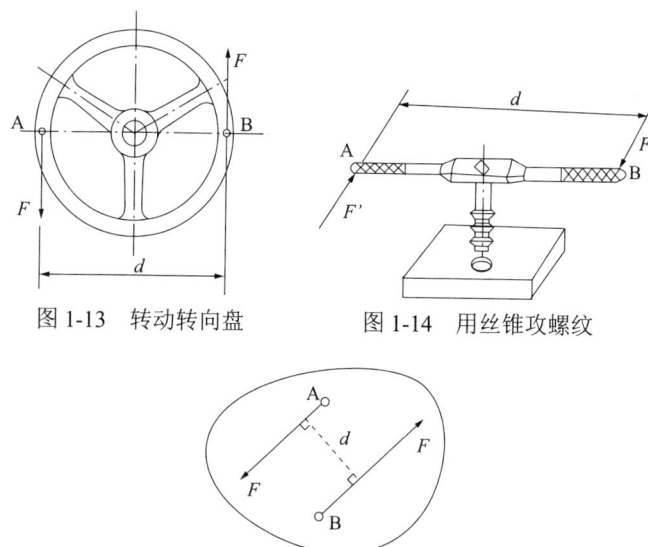

图 1-13　转动转向盘　　　图 1-14　用丝锥攻螺纹

图 1-15　力偶

很显然,力偶不可能合成为一个力,或用一个力来等效替换,因而力偶也不能用一个力来平衡。力和力偶是力学中的两个基本物理量。力可使物体发生转动和移动,但力偶对物体的作用只能产生转动效应,它可以也只能使物体转动或改变物体的转动状态。

怎样度量力偶对物体的作用效应呢?实验证明:力偶对作用面内任一点的力矩等于力偶中一力的大小和力偶臂的乘积,它与力偶的旋转方向有关而与矩心的位置无关。

力的大小与力偶臂的乘积 Fd 加上适当的正负号,称为力偶矩(图 1-16),可记作 $M(F, F')$ 或简写为 M。其计算公式为:

$$M = \pm Fd$$

公式中正负号的规定是逆时针转向为正,反之为负。力偶矩的单位和力矩相同,也是牛顿·米(N·m)。

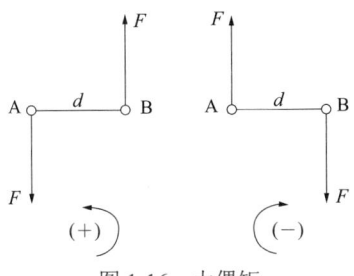

图 1-16 力偶矩

1.2.2 静力学公理

人类在长期的生产和生活实践中,经过反复观察和实验总结出了关于力的普遍规律,它们是力的基本性质的概况和总结。

1. 作用与反作用公理

两个物体间的作用力和反作用力,总是大小相等、方向相反、沿同一直线并分别作用在两个物体上。

这个公理概括了任何两个物体之间相互作用力的关系。如有作用力,就必然有反作用力,两者总是同时存在,又同时消失。

例如，图 1-17 所示的物体 A 对物体 B 施加了作用力 F，同时，物体 A 也受到了物体 B 对它的反作用力 F'，且这两个力大小相等、方向相反、沿同一直线作用。

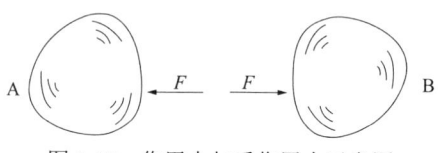

图 1-17 作用力与反作用力示意图

2．二力平衡公理

作用在同一刚体上的两个力使物体平衡的必要和充分条件是这两个力大小相等、方向相反，且作用在同一直线上。

这个公理揭示了作用于刚体上的最简单力系平衡时所必须满足的条件，即二力平衡条件。图 1-18 所示为受两个力作用的刚体，很显然，刚体平衡的条件必须是两个力 F_A 和 F_B 等值、反向、共线。

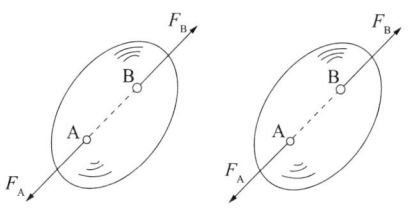

图 1-18 二力平衡条件示意图

必须注意，不能把二力平衡问题和作用力与反作用力关系混淆。二力平衡公理的两个力是作用在同一物体上，而且是使物体平衡的。作用与反作用公理中的两个力是分别作用在不同的两个物体上，说明的是一种相互作用关系，虽然都是大小相等、方向相反、作用在同一条直线上，但不能说是平衡的。

3．力的平行四边形法则

作用于物体上同一点的两个力，可以合成为一个合力，合力也作用于该点，合力的大小和方向用由这两个力为边所构成的平行四边形的对角线来表示，如图 1-19 所示。

这个法则说明力的合成遵循矢量加法，其矢量表达式为

$$R = F_1 + F_2$$

即合力 R 等于两分力 F_1、F_2 的矢量和。为了简便，在利用作图法求两共点力的合力时，只需画出平行四边形的一半即可。其方法是：先从两个分力的共同作用点画出一个分力，再从此分力的终点画出另一分力，最后由第一个分力的起点至第二个分力的终点作一矢量，即所求合力，作出的三角形称为力三角形，这种求合力的方法称为力的三角形法则，如图 1-20 所示。

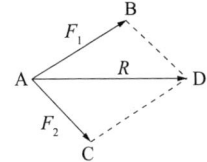 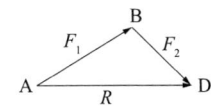

图 1-19　力的平行四边形法则　　图 1-20　力的三角形法则

两个共点力可以合成一个力，反之，一个已知力也可以分解为两个分力。但是，将一个已知力分解为两个分力可得到无数解答。因为以一个力的矢量为对角线的平行四边形可作出无数个。如图 1-21 所示，力 F 既可以分解为力 F_1 和 F_2，也可以分解为 F_3 和 F_4 等。要得出唯一的解答，必须给出限制条件。在工程中，常把一个力 F 沿直角坐标轴方向分解，可得出两个相互垂直的分力 F_X 和 F_Y，如图 1-22 所示，F_X 和 F_Y 的大小可由三角函数公式求得。

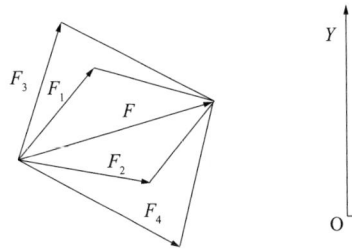 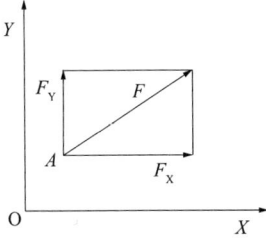

图 1-21　力的分解示意图　图 1-22　力沿直角坐标轴分解的示意图

力的平行四边形法则是力系简化的基础，同时，它也是力分解时所应遵循的法则。

1.2.3 杆件基本变形

杆件在不同的外力作用下，将发生不同形式的变形，杆件的变形包括四种基本形式，以及基本形式的组合。

（1）轴向拉伸和压缩

杆件两端沿轴线作用一对大小相等、方向相反的力 P，杆件产生轴向拉伸或压缩变形。当力 P 的方向与截面外法线方向一致时，杆件伸长，称为轴向拉伸，如图 1-23（a）所示；当力 P 的方向与截面外法线方向相反时，杆件缩短，称为轴向压缩，如图 1-23（b）所示。

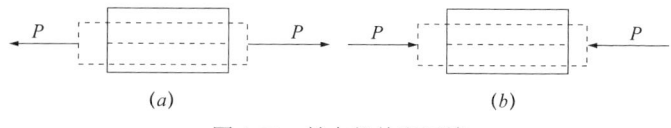

图 1-23 轴向拉伸和压缩

工程结构中，发生轴向拉伸或压缩变形的构件是很常见的。如图 1-24（a）所示，三角支架的 AB 杆拉伸，BC 杆压缩；如图 1-24（b）所示，桁架的上弦杆 AC、CE、EG、GB 压缩，下弦杆 AD、DF、FH、HB 拉伸。另外，如起重用的绳索、拧紧的螺栓都是拉伸的例子，模板的支柱、桥梁的桥墩都是压缩的例子。

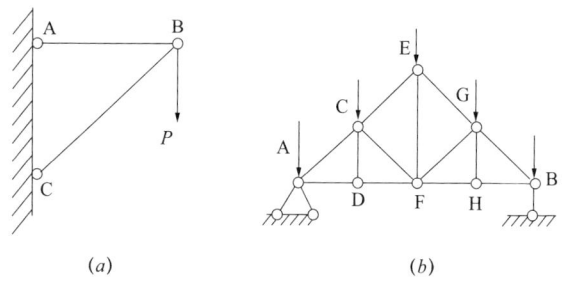

图 1-24 轴向拉伸和压缩变形应用示例

（2）剪切

杆件受到一对大小相等、方向相反、作用线相距很近的横向力（即垂直于杆件轴线的力）P作用时，杆件发生剪切变形。在剪切变形过程中，随着力的增大，两力间的截面将沿着力的作用方向发生相对错动直至剪断，如图1-25所示。

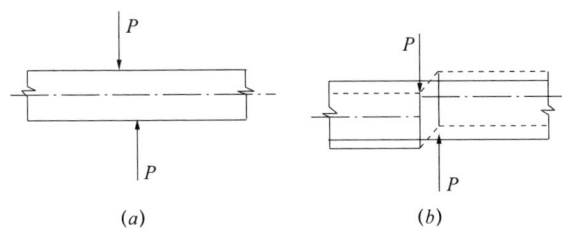

图1-25 剪切变形

工程中，剪切变形常出现在构件的连接部分，如连接两块钢板的螺栓接头（图1-26a）、钢结构中广泛应用的铆钉连接（图1-26b）、木结构中的榫连接，以及机械中的销连接、键连接（图1-26c）等。

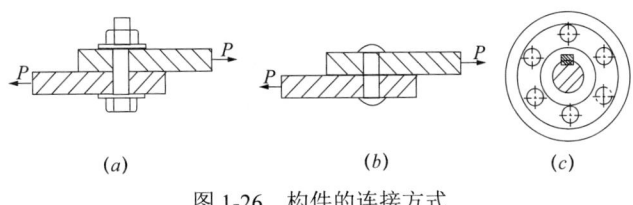

图1-26 构件的连接方式

（3）扭转

在垂直于杆件轴线的平面内，作用一对大小相等、方向相反的外力偶时，杆件的任意两个横截面将绕轴线作相对运动，这种形式的变形称为扭转变形，如图1-27所示。

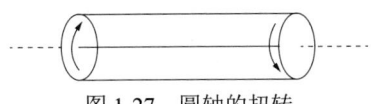

图1-27 圆轴的扭转

工程中，有些杆件的变形属于扭转变形。例如，汽车转向盘的操纵杆（图1-28a），司机通过转向盘将力偶作用于操纵杆的B端，操纵杆的阻力偶作用于A端，使杆件AB产生扭转变形；房屋的雨篷梁（图1-28b），雨篷板及其上的荷载对梁作用的分布力偶，使梁产生扭转变形。

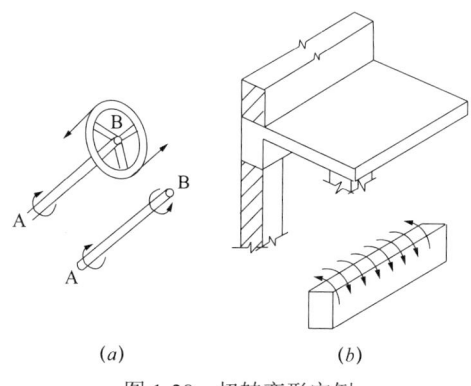

图1-28　扭转变形实例

（4）弯曲

杆件在垂直于轴线的外力作用下或在纵向平面内受到外力偶作用（图1-29），使杆件的轴线由直线变成曲线，这种变形称为弯曲变形。凡以弯曲为主要变形的杆件通常称为梁。梁是一种常见的构件，在各类工程中均占有重要地位。

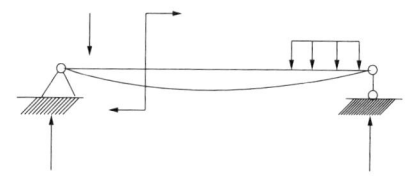

图1-29　杆件的弯曲变形

弯曲变形是工程中最常见的一种变形形式。例如，房屋建筑中的楼面梁（图1-30）、阳台挑梁（图1-31）等，都是以弯曲变形为主的构件。

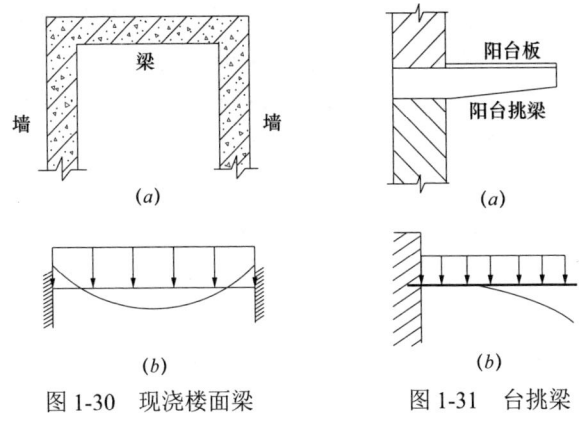

图 1-30 现浇楼面梁　　　图 1-31 台挑梁

工程中常用的梁，其横截面通常采用对称形状，如矩形、圆形、工字形、T形等，如图1-32所示。因此，这些横截面都有一根纵向对称轴，该对称轴与梁轴线形成的平面称为纵向对称平面（图1-33）。

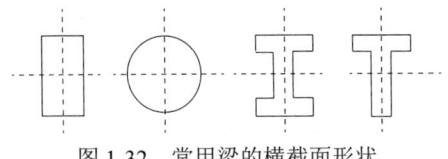

图 1-32 常用梁的横截面形状

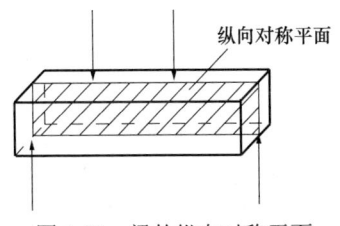

图 1-33 梁的纵向对称平面

1.2.4 结构几何稳定性

脚手架是由杆件相互连接而组成体系来承受荷载的。设计时，必须保持结构自身的几何形状和位置。因此，由杆件组成体系时，并不是无论怎样组合都能作为脚手架使用。例如，图1-34（a）所示是一个由两根连杆与基础组成的铰接三角形，在荷载的作用下，其几何形状和位置保持不变，可以作为工程结构使用；图1-34（b）所示是一个铰接四边形，受荷载作用后容易倾斜（如图中虚线所示），则不能作为工程结构使用；但如果在铰接四边形中加斜杆，构成如图1-34（c）所示的铰接三角形体系，就可以保持其几何形状和位置不变，从而可以作为工程结构使用。

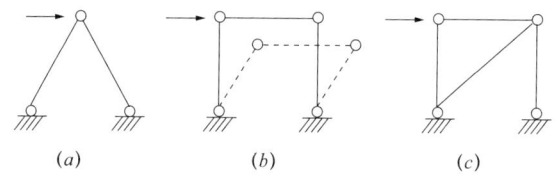

图1-34 由杆件组成的体系
（a）、（c）几何不变体系；（b）几何可变体系

由杆件组成的体系可以分为几何不变体系和几何可变体系两类。

1. 几何不变体系

在不考虑材料应变的条件下，几何形状和位置保持不变的体系称几何不变体系，如图1-34（a）、（c）所示。

几何不变体系的简单组成规律：

（1）一个点和一个刚片用两根不共线的连杆相连，组成几何不变体系（图1-35a）。

（2）两刚片用一个铰链和一根连杆相连，且铰链和连杆不在同一直线上，组成几何不变体系（图1-35b）。

（3）三刚片用三个不共线的铰链两两相连，组成几何不变体系，这种几何不变体系称为铰接三角形（图1-35c）。

2. 几何可变体系

在不考虑材料应变的条件下，几何形状和位置可以改变的体系称几何可变体系。

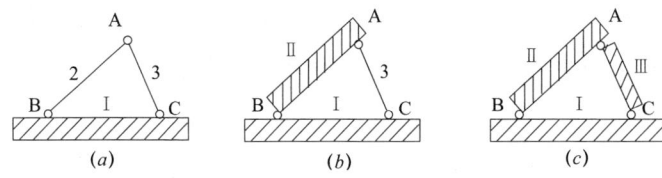

图 1-35 几何不变体系的简单组成规律

在进行几何体系分析时，由于不考虑材料的应变，因而组成结构的某一杆件或者已经判明是几何不变的部分，均可视为刚片。

1.2.5 脚手架荷载传递分析和受力简图

下面以落地式双排外脚手架为例，说明脚手架承受荷载的状况。

钢管脚手架的垂直荷载由横向、纵向水平杆和立杆组成的构架承受，并通过立杆传递给基础。设置剪刀撑、斜撑和连墙杆的目的主要是保证脚手架的整体刚度和稳定性，加强抵抗垂直力和水平力作用的能力，连墙杆承受全部的风荷载，扣件则是脚手架整体的连接件和传力件。

1. 垂直荷载

（1）永久荷载

主要是指立杆、横向及纵向水平杆、斜撑（或剪刀撑）、扣件、脚手板、安全网和栏杆等各构件的质量。

（2）可变荷载

主要是指放置在脚手板上的建筑材料（如堆砖、混凝土、模板、钢筋和安装件等）和人员荷载。

（3）荷载的传递

按不同的脚手板铺设情况，脚手架上的施工荷载的传递路线有以下两种：

1）当采用冲压钢脚手板、木脚手板、竹串片脚手板时，脚手板一般铺在横向水平杆上，如图 1-36（a）所示，这是我国北

27

方地区的常用做法。此时,根据脚手板的长度及其搭接要求,脚手架应加密布置横向水平杆,如图1-37所示。

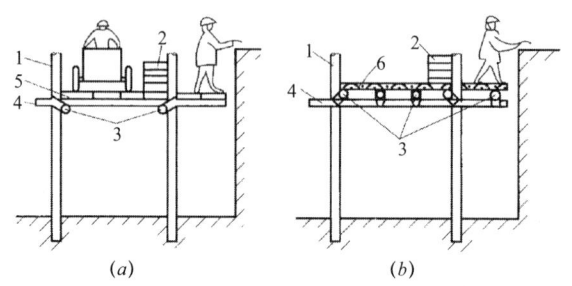

图1-36 脚手板的铺设情况
(a)冲压钢脚手板的铺设;(b)竹笆脚手板的铺设
1—立杆;2—四层侧立砖;3—纵向水平杆;4—横向水平杆;
5—冲压钢脚手板;6—竹笆脚手板

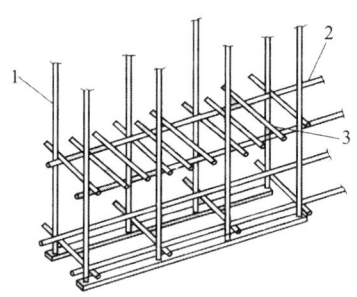

图1-37 横向水平杆的加密布置
1—立杆;2—纵向水平杆;3—横向水平杆

施工荷载的传递路线:脚手板→横向水平杆→纵向水平杆→纵向水平杆与立柱连接的扣件→立杆。对应这种传递路线的横向、纵向水平杆的受力简图如图1-38所示。

2)当采用竹笆脚手板时,脚手板一般铺在纵向水平杆上,如图1-38(b)所示,这是我国南方地区的常用做法。此时,脚手架应加密布置纵向水平杆,如图1-39所示。

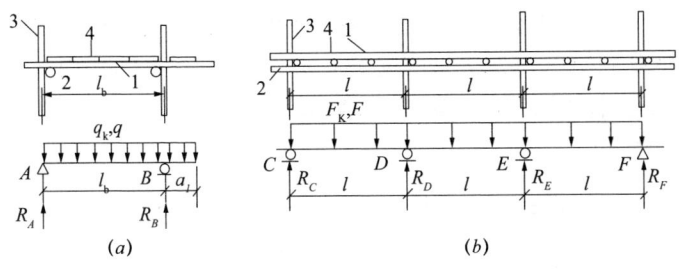

图 1-38 横向、纵向水平杆的受力简图
（a）双排架的横向水平杆；（b）纵向水平杆
1—横向水平杆；2—纵向水平杆；3—立杆；4—脚手板

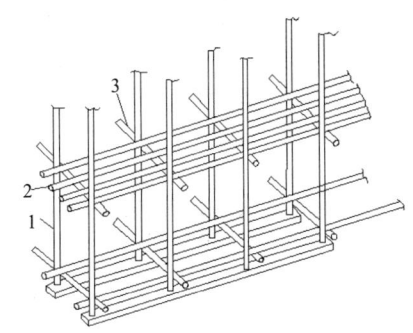

图 1-39 纵向水平杆的加密布置
1—立杆；2—纵向水平杆；3—横向水平杆

施工荷载的传递路线：竹笆脚手板→纵向水平杆→横向水平杆→横向水平杆与立柱的连接扣件→立杆。对应这种传递路线的纵向、横向水平杆的受力简图如图 1-40 所示。

（4）施工荷载值

了解施工荷载的传递过程后，关键是要确定作用在脚手架上的施工荷载的大小。砌筑用脚手架安全技术规范中规定为 $3kN/m^2$。另外，为了明确 $3kN/m^2$ 荷载值的含义，相应指明脚手架上的堆砖荷载不能超过单行侧放 4 层。

（5）立杆受力情况

钢管脚手架的垂直荷载由横向、纵向水平杆和立杆组成的构架承受，并通过立杆传给基础。立杆除自重为轴心荷载外，其他杆件自重和施工荷载均通过连接扣件传给立杆，荷载作用点与立杆轴线间具有约 53mm 的偏心距，此偏心距对立杆的稳定有一定影响。立杆受力简图如图 1-41 所示。

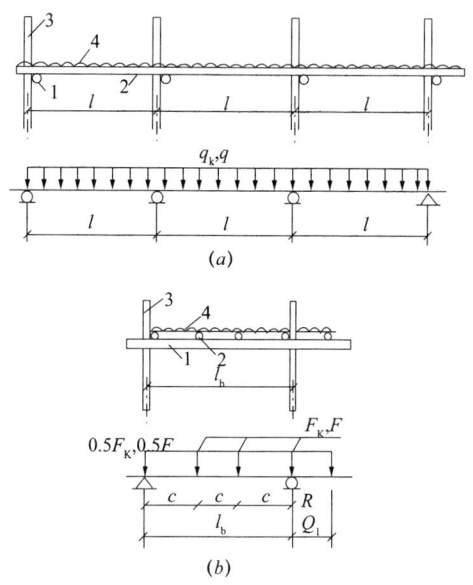

图 1-40 纵向、横向水平杆的受力简图
（a）纵向水平杆；（b）双排架的横向水平杆
1—横向水平杆；2—纵向水平杆；3—立杆；4—竹笆板

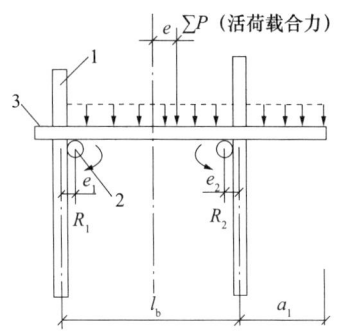

图 1-41 立杆所受的偏心荷载作用
1—立杆；2—纵向水平杆；3—横向水平杆

2．横向荷载

横向荷载主要是风荷载，全部由连墙杆承受。风荷载的大小与基本风压、风压高度变化系数、风荷载体形系数和风振系数有关。

1.3　了解电工基本知识

1.3.1　电流、电压、电阻、电功率

1．电流与电流强度

（1）电流的概念

当我们合上电源开关时，会看见日光灯发光和电风扇转动，这是因为日光灯和电风扇中有电流通过。虽然我们用肉眼看不见电流，但是通过它的各种表现（如灯亮、电风扇转动）可以被人所觉察。

电流就是在一定的外加条件下（如接上电源）导体中大量电荷有规则的定向运动，规定以正电荷移动方向作为电流的正方向。如图 1-42 所示在 AB 导线中电子运动方向是由 A 向 B，电流的方向则是由 B 向 A。

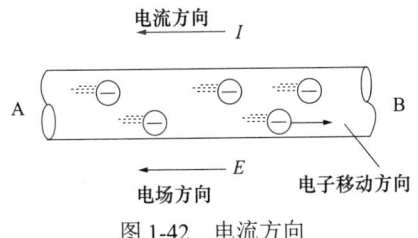

图 1-42　电流方向

（2）电流强度

电流的大小用电流强度来表示，电流强度是指单位时间内通过导体横截面的电量，习惯上往往把电流强度简称电流。

电流用符号"I"表示。在国际单位制中，电流强度的单位

是安培（A），简称安，即每秒内通过导体横截面的电量为 1 库仑（C）时，则电流为 1 安培（A）。在国际单位制中，电流强度的单位是安培（A），简称安，常用单位还有 kA、mA、μA 等，换算关系是：

$$1kA = 1000A$$
$$1mA = 10^{-3}A$$
$$1\mu A = 10^{-6}A$$

2．电压与电动势

（1）电压

如果想要知道电池是否有电，可以用伏特表去量一量，也可以用导线把小电珠接到电池的两极之间，如图 1-43 所示。如果伏特表有指示或小电珠发光我们就知道电池有电压，也就是通常所说"有电"。

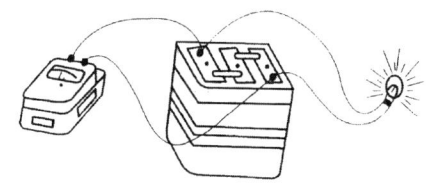

图 1-43　用伏特表及小电珠检验电池是否有电

电荷在电场或电路中具有一定的能量，电场力将单位正电荷从某一点沿任意路径移到参考点所做的功称为该点的电位或电势。静电物或电路中两点间的电位差叫电压，其数值等于单位正电荷在电场力的作用下，从一点移到另一点所做的功，例如，电灯泡电压是 220V，也就是说电源加在灯丝两端的电压是 220V。

电压用符号"U"表示。在国际单位制中，电压的单位是伏特（V），简称伏，常用单位还有 kV、mV、μV 等，换算关系为：

$$1kV = 1000V$$
$$1mV = 10^{-3}V$$
$$1\mu V = 10^{-6}V$$

(2)电动势

电动势是衡量电源转换本领的物理量。我们把外力将单位正电荷从电源负极经电源内部移到正极所做的功,称为该电源的电动势,用符号"E"表示,即:

$$E = A_\omega/Q$$

式中　E——电源电动势,V 伏[特];

A_ω——外力所做的功,J 焦[尔];

Q——外力分离电荷电量,C 库[仑]。

虽然电动势和电压的单位相同,但二者还是有区别:首先,物理意义不同。电压是衡量电场力做功大小的物理量,而电动势则表示非电场力做功本领的物理量。其次,两者的方向不同。电压是由高电位指向低电位,是电位降低的方向,而电动势是由低电位指向高电位,是电位升高的方向。第三,两者存在方式不同。电压既存在电源内部也存在于电源的外部,电动势仅存在于电源的内部。

3．导体、绝缘体与导体电阻

(1)导体

在电工学中,通常将具有良好导电性能的物体称为导体。常用的导体是金属,如银、铜、铝等。金属中存在着大量的自由电子,当导体与电源接成闭合回路时,这些自由电子就会在电场力的作用下朝一定方向运动形成电流。

(2)绝缘体

能够可靠地隔绝电流的物体叫做绝缘体。如橡胶、塑料、陶瓷、变压器油、空气等都是很好的绝缘体。导体和绝缘体并没有绝对的界限,当条件改变时,很好的绝缘体也可能变为导体。例如干燥的木头是很好的绝缘体,但把木头弄湿后,它就变得容易导电了。

(3)电阻

在导体两端加上电压,导体中就会产生电流。从物体的微观结构来说,电子的运动必然要和导体中的分子或原子发生碰撞,使电子在导体中的运动受到一定阻力,导体对于电流的阻碍作用,称为电阻。

不同的材料对电流的阻碍作用大小不同,我们把截面$1mm^2$、长度1m的某种导体的电阻值叫电阻率。材料的电阻率越小,对电流的阻碍作用就越小。导体的电阻除了跟导体的材料有关以外,还跟导体横截面的大小和长度有关,横截面积越大,电阻越小,导体越长电阻越大,导体电阻的计算公式为:

$$R = \rho L/S$$

式中　　R——导体的电阻（Ω）；

L——导体的长度（m）；

S——导体的横截面面积（mm^2）；

ρ——导体材料的电阻率。

电阻用符号"R"表示。在国际单位制中,电阻单位是欧姆（Ω）。常用的单位还有千欧（kΩ）和兆欧,（MΩ）。换算关系为:

$$1kΩ = 1000Ω$$
$$1MΩ = 10^6Ω$$

4．电功、电功率

（1）电功

电流做功的大小简称电功。电流做了多少功,就有多少电能转变为其他形式的能。电流所做的功与电压、电流和通电时间成正比。计算电功的公式是:

$$W = UI \cdot t$$

式中　　U——负载两端的电压（V）；

I——通过负载的电流强度（A）；

t——通电时间（s）；

W——电功（J）。

（2）电功率

使用电路的目的就是为了进行能量之间的转换,因此,经常还会用到另一个重要的物理量——电功率,我们把单位时间内电流所做的功叫电功率,电功率的大小是一个与通电时间无关的量，用字母"P"表示，其表达式为：
$$P = A/t = UI \cdot t/t = UI$$

式中　P——功率，瓦特（W）；

　　　U——负载两端的电压；

　　　I——通过负载的电流强度。

在国际单位制中，功率的单位是瓦特（W），简称瓦。1W的功率等于每秒消耗（或产生）1J的功。工程上，电功的单位不用焦耳，而经常用 kW·h 表示，1kW·h 的电量为1度电。

1.3.2　直流电路、交流电路和安全电压

1．电路

（1）电路的组成

在日常生活和生产中，为了实现某些功能，人们常常将若干个电气元件按一定的方式联成一整体，这就是电路。图1-44（a）是一个简单的照明电路，它由电池、灯泡、闸刀开关和连接导线组成。当闸刀开关合上时，电流就在电路中流通，灯泡发光。

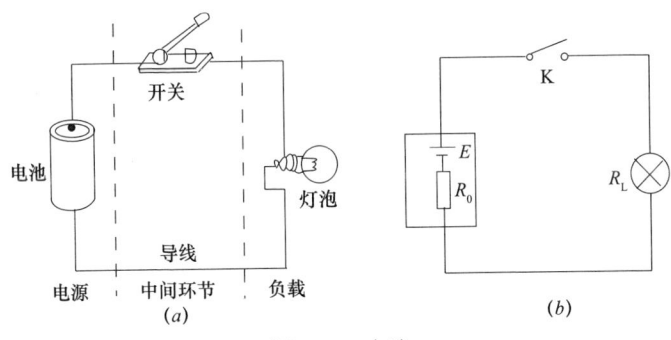

图1-44　电路
（a）简单照明电路；（b）电路图

由此可知，要构成一个电路，至少需要有三个部分：

1）电源

电源是指电路中供给电能的设备，如图1-44（a）中的电池。电源的作用是将其他形式的能量转换为电能。如电池将化学能转

换为电能；发电机将机械能转换为电能等，它是推动电路中电流流动的原动力。

2）负载

负载是指用电设备，即电路中消耗电能的设备。它的作用是将电能转换为其他形式的能量。如电灯将电能转换为光能；电炉将电能转换为热能；电动机将电能转换为机械能等。

3）中间环节

主要包括连接导线和一些控制电器，它们将电源和负载连接成一个闭合回路，起传输、分配电能以及保护等作用。

相对于电源来说，电路又可分为内电路和外电路。电源以外的电路叫外电路，电源内部的通路叫做内电路，内、外电路合称为全电路，或称为闭合电路。在电工技术中，为了分析问题的方便，可以将实际器件抽象成理想化的模型，用一些规定的图形符号来表示各种实际器件，将实际电路用电路图来表示。例如图1-44（a）所示的实际电路就可以用图1-44（b）所示的电路图表示。

（2）电路的作用

电路通常有两个作用，一是用来传递或转换电能，例如，发电厂的发电机将热能、水能等转换为电能，通过变压器、输电线等输送到建筑工地，在那里电能又被转换为机械能（如搅拌机）、光能（如夜间照明）等；二是用来实现信息的传递和处理，例如电视机，它的接收天线把载有语言、音乐、图像信息的电磁波接收后转换为相应的电信号，然后通过电路将信号进行传递和处理，送到显像管和喇叭（负载），将原始信息显示出来。

（3）电路的工作状态

我们已经知道电路是由电源、负载和中间环节三个基本部分组成的。在实际工作中，由于它们的连接方式不同，电路可以有通路、开路和短路三种工作状态。

1）通路：电路中的开关闭合，负载中有电流通过，这种状态一般称为正常工作状态。

2）开路：也称为断路，是指电路中某处断开或电路中开关打开，负载（电路）中无电流通过。断路状态下电路中无电流，负荷不能运行。

3）短路：电源两端的导线由于某种事故，而直接相连，使负载中无电流通过。短路时，电源向导线提供的电流比正常时大几十至几百倍，因而不允许短路。

2．直流电路与交流电路

根据电路中使用的电源不同，电路可分为直流电路和交流电路。电路中具有的电源电压值是恒定不变的，该电路称为直流电路；电源的电压值随时间交替变化的电路称为交流电路。由于交流电具有容易生产、变压、输送和分配等特点，且生产中广泛使用的拖动生产设备运转的三相异步电动机也是用三相交流电作为电源的，所以在工业生产和日常生活中交流电得到广泛应用。生产和生活中使用的交流电绝大部分是正弦交流电，其特点是电流、电压的大小和方向都随着时间作周期性变化。图1-45所示为正弦电流的波形图。该正弦电流可用三角函数表示，即

$$I = I_m \sin(\omega t + \delta) = I_m \sin(2\pi f t + \delta)$$

式中　　I——时刻 t 的电流瞬时值（A）；

I_m——电流最大值（A）；

t——时间（s）；

ω——角频率，$\omega = 2\pi f = 2\pi/T$（rad/s），其中 T 为周期（s）；

f——频率（Hz）；

δ——初相位（rad）。

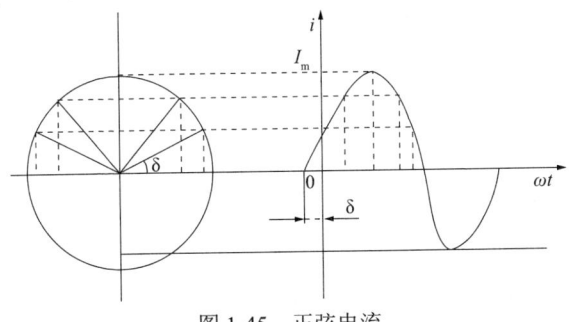

图1-45　正弦电流

交流电每一循环所用的时间叫做周期；每秒钟交变的周期数叫做频率；每秒钟交变的弧度数叫做角频率。周期与频率互为倒数。（$\omega t + \delta$）叫做相位，$t = 0$ 时的相位 δ 叫做初相位。

最大值、角频率和初相位确定了正弦量的所有特征，所以称之为正弦交流电的三要素。通常用有效值来表征交流电的大小。有效值是与该交流电做功能力相同的直流电的数值。最大值为有效值的 $\sqrt{2}$ 倍，即

$$I_m = \sqrt{2}\, I \text{ 和 } U_m = \sqrt{2}\, U$$

式中　I、U——分别为电流和电压有效值；

　　　I_m——电流最大值；

　　　U_m——电压最大值。

（1）交流电的周期和频率

1）周期

交流电的"周期"就是交流电变化一个循环所需要的时间，通常用字母"T"表示。如图 1-46 中从 o 点到 b 点所需的时间是变化一个循环所用的时间，即一个周期。由周期 T 的含义可知，周期越长，表示交流电变化得越慢；反之，越快。因此，交流电的周期是用来表示交流电变化快慢的一个物理量。

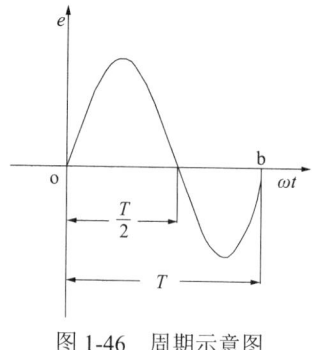

图 1-46　周期示意图

2）频率

除周期外，衡量交流电变化快慢的另一个参数叫做"频率"。

所谓频率就是每秒钟交流电变化的循环数。因为一个循环就是一个周期,因此,频率就是每秒钟所包含的周期数,通常用字母"f"表示。频率单位是赫兹（Hz）,简称赫（周/秒）。由上述定义可知,频率与周期互为倒数,即

$$F = 1/T$$

3）频率与角频率的关系

频率"f"和角频率"ω"之间的关系,由角频率的定义可得出：

$$\omega = \frac{2\pi}{T} = 2\pi f$$

（2）正弦交流电的电压最大值（即振幅）

正弦交流电的大小总是不停地随着时间而变化,因此,不能单用某一瞬时值表示交流电的大小,而是用"最大值"、"有效值"来表征交流电的大小。正弦交流电在一个周期的变化中所出现的最大瞬时值称为"最大值",或称为正弦交流电的"振幅值"。通常用 E_m、U_m、I_m 等符号来表示电动势、电压、电流等正弦量的最大值。

虽然正弦交流电的瞬时值是随时间变化的,但是可以用一个大小不随时间变化的电流（或电压、电动势）来表示交流电的大小,这个不变的量产生的热效应与被表示的交流电所产生的热效应相等,这个量就称为交流电的有效值。我们规定：把一个交变电流 I 和一个直流电流 J 分别通过两个阻值相同的电阻 R,若在一个周期内,两者在电阻上产生的热量彼此相等,则此直流电流的数值就叫作该交变电流的有效值。

一般情况下,所说的交流电的大小是指它们的有效值,电动机、电器等的额定电流、额定电压也都用有效值来表示。交流电流表、电压表的读数都是指有效值。

3．安全电压

安全电压是指人体较长时间接触而不致发生触电危险的电压。国家标准《安全电压》GB 3805—1983 规定,安全电压是

为防止触电事故而采取的由特定电源供电的电压系列。这个电压系列的上限值规定是：在正常和故障情况下，任何两导体或任一导体与地之间均不得超过交流（50～500Hz）有效值50V。

根据生产和作业场所的特点，采用相应等级的安全电压是防止发生触电伤亡事故的根本性措施。《安全电压》（GB 3805—1983）规定：我国安全电压额定值的等级为42V、36V、24V、12V和6V，应根据作业场所、操作员条件、使用方式、供电方式、线路状况等因素选用。凡特别危险环境使用的携带式电动工具应采用42V安全电压；凡有电击危险环境使用的手持照明灯和局部照明灯应采用36V或24V安全电压；金属容器内、隧道内、水井内以及周围有大面积接地导体等工作地点狭窄、行动不便的环境应采用12V安全电压；水下作业等特殊场所应采用6V安全电压。当电气设备采用24V以上安全电压时，必须采取直接接触电击的防护措施。

1.3.3　常用低压配电装置

低压电器可分为控制电器和保护电器。控制电器主要用来接通和断开线路，以及用来控制用电设备，刀开关、低压断路器、电磁启动器属于低压控制电器。保护电器主要用来获取、转换和传递信号，并通过其他电器对电路实现控制，熔断器、热继电器属于低压保护电器。在施工现场常用的低压电器主要有开关电器、控制电器、保护电器、调节电器、主令电器、成套电器等。

低压电器应正确选择，合理使用。各种开关电器具有不同的用途和使用条件，因而也就有不同的选用方法。正确地选用要结合不同的控制对象和各类电器的使用环境、技术数据、正常工作条件、主要技术性能等确定，以保证选择的低压电器工作安全可靠，不致发生因电器故障而造成停产或损坏设备，危及人身安全等损失。

1．开关

（1）闸刀开关

闸刀开关又称开启式负荷开关，它是一种结构最简单、应用广泛的手动低压电器。通常在容量不大的低压电路中作为不频繁的带负荷接通、切断操作和短路保护之用。闸刀开关的结构如图1-47所示，它主要由手柄、刀片（触头）、接线座等组成。按刀片数分有单刀、双刀和三刀。普通刀开关只有一个投向。为了便于电路的切换，也有两个投向的，称为双投闸刀开关。

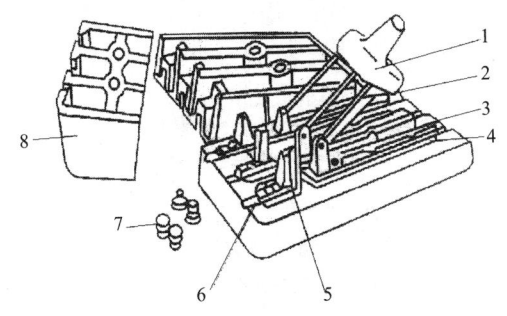

图1-47　闸刀开关

1—瓷柄；2—动触头；3—出线座；4—瓷底座；5—静触头；
6—进线座；7—胶盖紧固螺钉；8—胶盖

闸刀开关安装时，手柄要向上装，不得倒装和平装，否则手柄可能会因自重而下落引起误合闸，造成人员和设备安全事故。接线时，将电源线接在熔丝上端，负载线接在熔丝下端，拉闸后开关与电源隔离，便于更换熔丝。根据《建设事业"十一五"推广应用和限制禁止使用技术公告（第一批）》（2007年建设部第659号）要求，因产品安全性能差，禁止使用HK1、HK2、HK2P、HK8型闸刀开关。

（2）铁壳开关

铁壳开关又称封闭式负荷开关。一般用在配电设备中，作为不频繁接通和分断负载电路，具有熔断器短路保护。交流380V、60A及以下等级的铁壳开关，还可作为小型异步电动机的不频繁地全电压直接启动及分断的控制开关。铁壳开关由带有灭弧系统的刀开关、熔断器和快速动作的操作机构组成,如图1-48所示。整个装置安装在防护铁板箱内,并且还有机械连锁使开关闭合后不能开启箱盖,以保证操作人员的安全。其安装要求与闸刀开关相同。

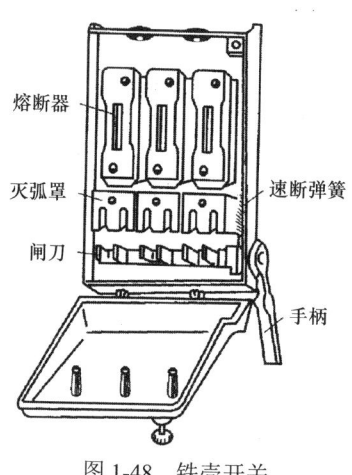

图1-48 铁壳开关

(3)组合开关

组合开关又称转换开关,是一种结构紧凑的手动开关,其外形结构如图1-49所示。当转动组合开关手柄时,每层的动触片随方形转轴一起转动,使动触片插入静触片,则电路接通,或使动触片离开静触片,则电路断开。组合开关用做电源引入开关,也可作为小容量电动机启动,多速电动机换接变速,电动机正反转的控制。组合开关额定电压一般不超过500V,额定电流值在100A以下,它的体积小、安全可靠和操作方便,因而得到广泛应用。

必须注意,组合开关本身不带过载保护和短路保护装置,如果需要保护,就应另外增设保护电器。组合开关安装时,应将手柄保持在水平旋转位置上,触头接触应紧密可靠。

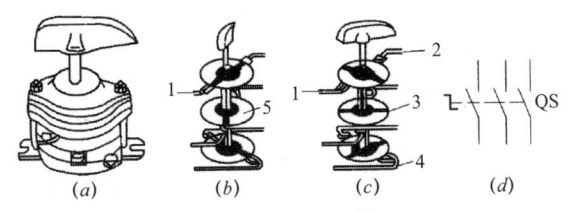

图1-49 组合开关
（a）外形；（b）接通位置；（c）分断位置；（d）符号
1—电源端；2—负载端；3—动触头；4—静触头；5—绝缘垫板

（4）按钮开关

按钮开关又称控制按钮或按钮，它们的额定工作电流比较小，专门用来接通和切断较小电流的电路。生产实践中，常把按钮开关与接触器、继电器的线圈配合，构成控制电路，实现对电动机等用电设备的自动控制或远距离控制。

任何一个按钮可以分为常开按钮和常闭按钮，合在一起为复合按钮。常开按钮也为动合按钮，常闭按钮也称动断按钮。每个复合按钮由两个按钮的四个触头组装在一起。动合触头在手未按动按钮时触头是分断的，手按动按钮时触头导通；动断触头则反之。在控制电路中，启动按钮用动合触头，停止按钮用动断触头。

按钮开关的选择主要是根据使用的场合、触头的数目、种类及按钮的颜色来决定。一般停止按钮使用红色，用于控制线路中。

按钮开关的外形、结构和符号如图1-50所示。

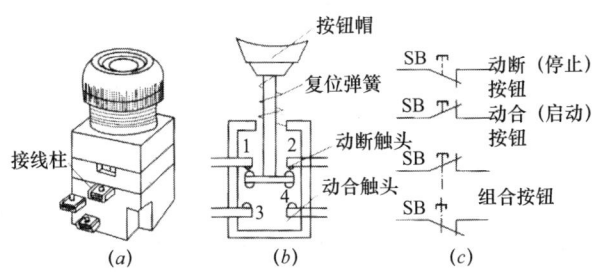

图1-50 按钮开关
（a）外形；（b）结构；（c）图形符号

(5)行程开关

行程开关又称限位开关,它通过开关机械可动部分的动作,将机械信号变换为电信号,借此实现对机械的电气控制。行程开关有多种结构形式,图1-51为某行程开关的结构外形图。行程开关通常由操作头、触点系统和外壳组成。操作头感测机械设备的动作信号,并传递到触点系统。触点系统由一组动合触点和一组动断触点组成,将操作头传来的机械信号变换为电信号,输出到有关控制电路,使之作出相应的反应动作。习惯上把尺寸甚小的行程开关称为微动开关。

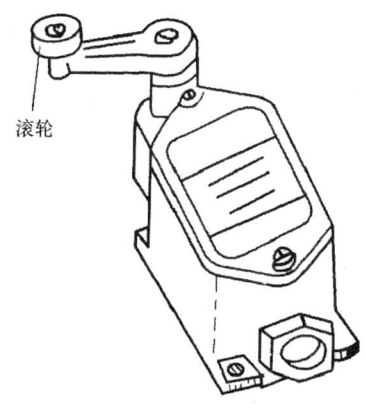

图1-51 行程开关

2. 低压断路器

低压断路器又称自动空气断路器或空气开关,它是低压配电线路中一种重要的保护电器。在正常工作条件下,作为线路的不频繁接通和分断装置使用。当线路或用电设备发生严重过载、短路或失压等故障时,能够自动切断故障,实施迅速、有效的保护。

低压断路器由触头、各种脱扣器和操作机构三部分组成,如图1-52所示。

低压断路器一般分为框架式和塑料外壳式两大类:框架式

低压断路器主要有 DW10 和 DW15 两个系列，用做配电线路的保护开关；塑料外壳式低压断路器又称装置式断路器，主要有 DZ10 和 DZ215 等系列，它既可用做配电线路的保护开关又可作为电动机、照明电路以及电热器等的控制开关，一般建筑供电的室内低压线路配电盘中，动力用电部分的总开关大多采用这种类型的断路器。

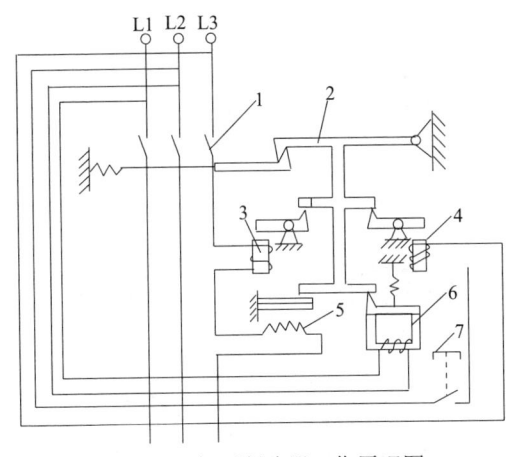

图 1-52　低压断路器工作原理图
1—主触头；2—自由脱扣器；3—过电流脱扣器；4—分励脱扣器；
5—热脱扣器；6—欠电压脱扣器；7—停止按钮

在一般情况下，保护变压器及配电线路的总开关选用 DW 系列，保护电动机及小型室内配电盘的总开关选用 DZ 系列。

低压断路器安装时，型号、规格应符合设计要求，应符合产品技术文件以及施工验收规范的规定。低压断路器宜垂直安装，当其与熔断器配合使用时，熔断器应安装在电源一侧。

3．低压熔断器

低压熔断器是保护安全用电的一种电器，应用于电网和电气设备的保护。当电网和电气设备发生过载或短路时能自动切断电路，从而达到保护目的。由于其结构简单、使用方便、体积小、重量轻和价格低廉等优点，因此在建筑工程中也得到广泛应用。

熔断器主要由熔体和安装熔体的绝缘管或绝缘座所组成。使用时，熔断器与所保护的电路串联，当电路发生过载或短路故障时，通过熔体的电流就可能达到或超过了某一定值，产生的热量使其温度升高到熔体金属的熔点，于是熔体自行熔断，切断故障电流，完成保护任务。常用的低压熔断器类型有插入式、管式及螺旋式，如图 1-53 所示。

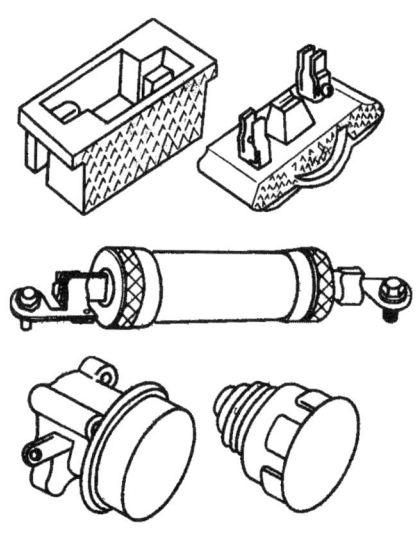

图 1-53 低压熔断器外形

熔断器的选用应考虑两个方面，即熔断器类型的选择和熔体（丝）额定电流的确定。

（1）选择熔断器的类型时，主要考虑负载的保护特性和短路电流的大小。对于容量小的电动机和照明支线，常采用熔断器作为过载及短路保护，因此熔体的熔化系数可适当小些；对于较大容量的电动机和照明干线，则应着重考虑短路保护和分断能力，通常选用具有较高分断能力的熔断器；当短路电流很大时，宜采用具有限流作用的熔断器。

（2）确定熔体额定电流时，应当区别两种负载情况：一种是负载有冲击启动电流的情况（如电动机）；另一种是负载电流比较平稳的情况（如一般照明电路）。在负载电流比较平稳的场合，基本上可按额定负载电流来确定熔体的额定电流。

4．交流接触器

接触器是一种自动控制电器，可用来频繁地接通或断开线路，远距离控制电动机的启动与停止，因此，建筑工地应用广泛。接触器主要由三部分组成：电磁机构、触头系统和灭弧装置。接触器的外形及工作原理如图1-54所示。

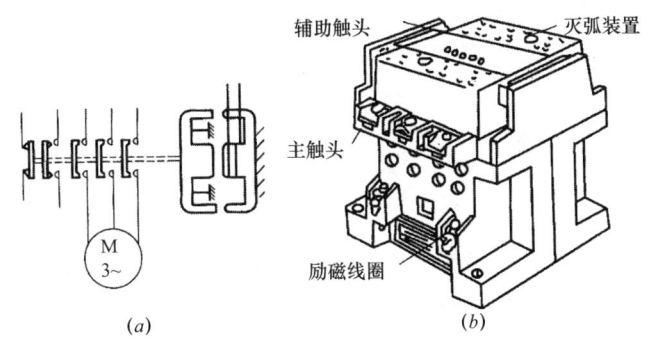

图1-54 接触器外形及工作原理图
（a）工作原理图；（b）外形图

接触器是利用电磁吸力与弹簧力配合动作的电器，当吸引线圈有电流通过时，就会在动、静铁芯相对的极面上产生异性磁极，静铁芯吸引动铁芯，动铁芯动作带动金属片动作，使常开触点闭合，辅助常闭触头断开。一旦接触器电磁线圈失电，在弹簧作用下，闭合的常开触头打开，常闭触头闭合，恢复原状。这是电磁机构的作用。

交流接触器在工作时，如果电压降到一定程度，由于电磁吸力不足，在弹簧作用下动铁芯将带动动触头与静触头分开，因此，接触器除可作为控制电器外，还具有欠压和失压保护作用。

5．继电器

继电器是根据一定的信号，如电压、电流、时间来接通和断开小电流电动机的自动控制或保护电器。在控制线路中，继电器被用来改变控制线路的状态，以实现预定的控制程序和目的，同时也提供一定的保护。按使用范围区分，继电器可分为：保护继电器、控制继电器和通信继电器。按输入信号的性质可分为：电压继电器、电流继电器、功率继电器、频率继电器、温度继电器。按感测元件的作用原理可分为：电磁式继电器、感应式继电器、热继电器、电子式继电器等。

6．漏电保护器

建筑施工现场为了防止漏电发生触电事故和防止单相触电事故，以及为了避免发生因漏电引发电气火灾而普遍采用漏电保护器。

（1）漏电保护器的类型

按反映信号分类：电流型漏电保护器、电压型漏电保护器。施工现场普遍使用的都是电流型漏电保护器。

按极数和接线数分类：二线单极漏电保护器；二线二极漏电保护器；三线三极漏电保护器；四线三级漏电保护器和四线四极漏电保护器等五种漏电保护器。

（2）漏电保护器的主要技术参数

1）额定漏电动作电流

额定漏电动作电流是表示该装置在不加任何绝缘电阻的条件下，当流过某一电流值时保护装置恰好动作。该电流值叫漏电保护器的额定漏电动作电流。电流型漏电保护器的额定动作电流分为 11 个等级：分别为 5、10、20、100、300、500mA 和 1、3、5、10、20A。其中 30mA 及以下为高灵敏度；30mA 以上，1A 以下为中灵敏度；1A 以上为低灵敏度。

2）额定漏电不动作电流

漏电保护器规定额定动作电流的二分之一为额定漏电不动作电流，在其值以下必须不动作。

3）额定漏电动作时间

从突然施加额定漏电动作电流时起，到漏电保护器切断电流为止的时间，称为额定漏电动作时间。

漏电保护器的额定漏电动作时间分为：

快速型：额定漏电动作时间小于 0.1s；

定时限型：额定漏电动作时间在 0.1～2s；

反时限型：①在额定漏电动作电流时，额定漏电动作时间小于 1s；②在 2 倍额定漏电动作电流时，额定漏电动作时间小于 0.2s；③在 5 倍额定漏电动作电流时，额定漏电动作时间小于 0.03s；

（3）漏电保护器的选用

漏电保护器在施工现场主要是防止漏电伤亡事故和电气火灾事故。建筑施工现场低压供电系统目前使用的是中性点直接接地的 380/220V 三相四线供电线路，为此应选用电流型漏电保护器。施工现场应按照适用对象和安装环境选用合适的漏电保护器。所谓选用合适的漏电保护器：主要是指漏电保护器的额定漏电动作电流、额定漏电动作时间、额定工作电流、极数、线数及安装型式等。

《施工现场临时用电安全技术规范》JGJ 46—2005 规定：

1）施工现场总配电箱、分配电箱、开关箱（或移动三级箱）中的漏电保护器，其额定漏电动作电流和额定漏电动作时间应作合理配备，使之具有分级分段保护功能，以免发生越级动作。建筑施工现场临时用电系统应形成不少于二级的漏电安全保护网。所有漏电保护器在实际工作时的负荷电流，应小于其额定工作电流。

2）施工现场总配电箱内必须装设总漏电保护器，其额定漏电动作电流应大于配电线路和用电设备总泄漏电流值的两倍即可。其额定漏电动作电流与额定漏电动作时间的乘积不应大于 30mA·s，通常我们选用的额定漏电动作电流为 150mA，额定漏电动作时间 0.2s。

3）施工现场开关箱（移动三级箱）必须装设漏电保护器：①一般场所（室内干燥）所使用的漏电保护器，其额定漏电动作电流不应大于 30mA，额定漏电动作时间小于 0.1s；②露天、潮湿场所、金属容器内部、狭窄作业场所都必须使用防溅型漏电保护器，其额定漏电动作电流应不大于15mA，额定漏电动作时间小于0.1s，以上开关箱均应满足"一机一闸一漏一箱"的规定。

1.4 了解钢结构基本知识

1.4.1 钢结构的特点

钢结构是用钢板、热轧型钢或冷加工成型的薄壁型钢制造而成的。和其他材料的结构相比，钢结构有如下一些特点：

（1）材料的强度高，塑性和韧性好，但压力会使强度不能充分发挥。

钢材和其他建筑材料诸如混凝土、砖石和木材相比，强度要高得多。因此，特别适用于跨度大或荷载很大的构件和结构。钢材还具有塑性和韧性好的特点。塑性好，结构在一般条件下不会因超载而突然断裂；韧性好，结构对动力荷载的适应性强。良好的吸能能力和延性还使钢结构具有优越的抗震性能。另一方面，由于钢材的强度高，做成的构件截面小而壁薄，受压时需要满足稳定的要求，强度有时不能充分发挥。图1-55给出同样断面的拉杆和压杆受力性能的比较：拉杆的极限承载能力高于压杆。这和混凝土抗压强度远远高于抗拉强度形成鲜明的对比。

（2）材质均匀，和力学计算的假定比较符合。

钢材内部组织比较接近于匀质和各向同性体，而且在一定的应力幅度内几乎是完全弹性的。因此，钢结构的实际受力情况和工程力学计算结果比较符合。钢材在冶炼和轧制过程中质量可以严格控制，材质波动的范围小。

（3）钢结构制造简便，施工周期短。

钢结构所用的材料单纯而且是成材，加工比较简便，并能使用机械操作。因此，大量的钢结构一般在专业化的金属结构厂做成构件，精确度较高。构件在工地拼装，可以采用安装简便的普通螺栓和高强度螺栓，有时还可以在地面拼装和焊接成较大的单元再行吊装，以缩短施工周期。小量的钢结构和轻钢屋架，也可以在现场就地制造，随即用简便机具吊装。此外，对已建成的钢结构也比较容易进行改建和加固，用螺栓连接的结构还可以根据需要进行拆迁。

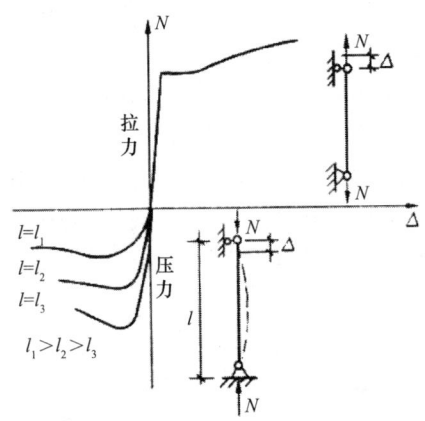

图1-55 钢拉杆和压杆性能比较

（4）钢结构的质量轻。

钢材的密度虽比混凝土等建筑材料大，但钢结构却比钢筋混凝土结构轻，原因是钢材的强度与密度之比要比混凝土大得多。以同样的跨度承受同样荷载，钢屋架的质量最多不过钢筋混凝土屋架的 1/4～1/3，冷弯薄壁型钢屋架甚至接近 1/10，为吊装提供了方便条件。对于需要远距离运输的结构，如建造在交通不便的山区和边远地区的工程，质量轻也是一个重要的有利条件。屋盖结构的质量轻，对抵抗地震作用有利。另一方面，质轻的屋盖结构对可变荷载的变动比较敏感，荷载超额的不利影响比较大。受有积灰荷载的结构如不注意及时清灰，可能会造成事故。风吸力可能造成钢屋架的拉、压杆反号，设计时不能忽视。设计沿海地区的房屋结构，如果对飓风作用下的风吸力估计不足，则屋面系统有被掀起的危险。广东湛江地区就发生过这种情况。

（5）钢材耐腐蚀性差。

钢材耐腐蚀的性能比较差，必须对结构注意防护。尤其是暴露在大气中的结构如桥梁，更应特别注意。这使维护费用比钢筋混凝土结构高。不过在没有侵蚀性介质的一般厂房中，构件经过彻底除锈并涂上合格的油漆，锈蚀问题并不严重。近年来出现的耐候钢具有较好的抗锈性能，已经逐步推广应用。

（6）钢材耐热但不耐火。

钢材长期经受100℃辐射热时，强度没有多大变化。具有一定的耐热性能；但温度达150℃以上时，就须用隔热层加以保护。钢材不耐火，重要的结构必须注意采取防火措施。例如，利用蛭石板、蛭石喷涂层或石膏板等加以防护。防护使钢结构造价提高。目前已经开始生产具有一定耐火性能的钢材，是解决问题的一个方向。

（7）钢结构对缺陷较为敏感。

任何事物都不是十全十美的，钢结构也不例外。不仅钢材出厂时就有内在缺陷，构件在制作和安装过程中还会出现新的缺陷。钢结构对缺陷较为敏感，设计时需要考虑其效应。

（8）钢结构的变形有时会控制设计。

由于钢材强度高而构件截面小，钢结构在荷载作用下的变形比较大。尤其是采用高强度钢材的结构，构件可能因变形限制而需要加大构件截面。

（9）钢结构对生态环境的影响小。

建造钢结构不需要开山采石、河底挖砂等破坏生态环境的行为。终止服役的钢结构，可以用作炼钢的原材料，不产生大量垃圾。

1.4.2 常用的型钢规格

钢结构构件一般宜直接选用型钢，这样可减少制造工作量，降低造价。型钢尺寸不够合适或构件很大时则用钢板制作。构件间或直接连接或附以连接钢板进行连接。所以，钢结构中的元件是型钢及钢板。型钢有热轧及冷成型两种（图 1-56 及图 1-57）。现分别介绍如下。

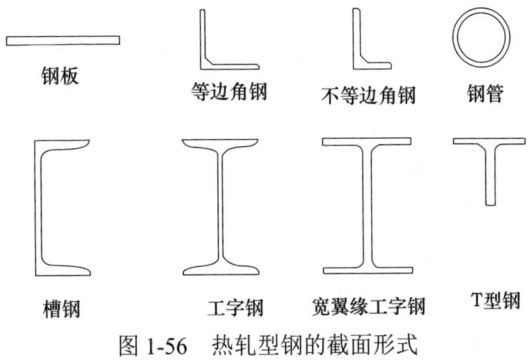

图 1-56　热轧型钢的截面形式

1．热轧钢板

热轧钢板分厚板及薄板两种，厚板的厚度为 4.5～60mm，薄板厚度为 0.35～4mm。前者广泛用来组成焊接构件和连接钢板，后者是冷弯薄壁型钢的原料。在图纸中钢板用"厚×宽×长（单位为毫米）"前面附加钢板横断面的方法表示，如：12×800×2100 等。

2．热轧型钢

角钢有等边和不等边两种。等边角钢（也叫等肢角钢），以边宽和厚度表示，如 L100×10 为肢宽 100mm、厚 10mm 的等边角钢。不等边角钢（也叫不等肢角钢）则以两边宽度和厚度表示，如 L10×80×8 等。我国目前生产的等边角钢，其肢宽为 20～200mm，不等边角钢的肢宽为 25mm×16mm～200mm×125mm。

（1）槽钢

我国槽钢有两种尺寸系列，即热轧普通槽钢与热轧轻型槽钢。前者的表示法如 30a，指槽钢外廓高度为 30cm 且腹板厚度为最薄的一种；后者的表示法例如 25Q，表示外廓高度为 25cm，Q 是汉语拼音"轻"的拼音字首。同样号数时，轻型者由于腹板

53

薄及翼缘宽而薄,因而截面积小但回转半径大,能节约钢材减少自重。不过轻型系列的实际产品较少。

(2)工字钢

与槽钢相同,也分成上述的两个尺寸系列:普通型和轻型。与槽钢一样,工字钢外轮廓高度的厘米数即为型号,普通型者当型号较大时腹板厚度分 a、b 及 c 三种。轻型的由于壁厚较薄故不再按厚度划分。两种工字钢表示法如:I32C、I32Q 等。

(3)H 型钢和剖分 T 型钢

热轧 H 型钢分为三类:宽翼缘 H 型钢(HW)、中翼缘 H 型钢(HM)和窄翼缘 H 型钢(HN)。H 型钢型号的表示方法是先用符号 H(或 HW、HM 和 HN)表示型钢的类别,后面加"高度×宽度×腹板厚度×翼缘厚度",例如 H300×300×10×15,即为截面高度和翼缘宽度为 300mm,腹板和翼缘厚度分别为 10mm 和 15mm 的宽翼缘 H 型钢。剖分 T 型钢也分为三类,即:宽翼缘剖分 T 型钢(TW)、中翼缘剖分 T 型钢(TM)和窄翼缘剖分 T 型钢(TN)。剖分 T 型钢系由对应的 H 型钢沿腹板中部对等剖分而成。其表示方法与 H 型钢类同,如 T225×200×8×12 即表示截面高度为 225mm,翼缘宽度为 200mm,腹板和翼缘厚度分别为 8mm 和 12mm 的窄翼缘剖分 T 型钢。

3．冷弯薄壁型钢

是用 2～6mm 厚的薄钢板经冷弯或模压而成型的(图 1-57)。

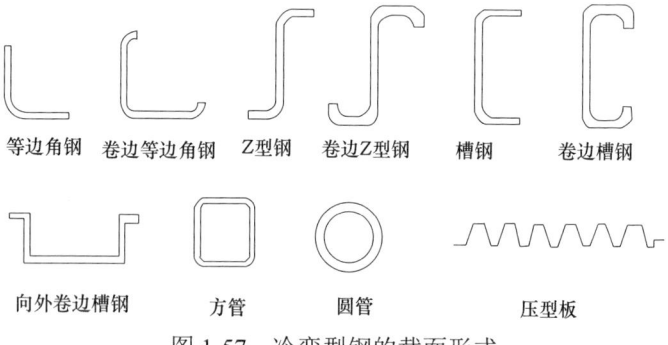

图 1-57　冷弯型钢的截面形式

在国外，冷弯型钢所用钢板的厚度有加大范围的趋势，如美国可用到 1 英寸（25.4mm）厚。压型钢板是近年来开始使用的薄壁型材，所用钢板厚度为 0.4～2mm，用做轻型屋面等构件。

1.4.3 钢材的特性

1．钢材的塑性

钢材的主要强度指标和多项性能指标是通过单向拉伸试验获得的。试验一般是在标准条件下进行的，即采用符合国家标准规定形式和尺寸的标准试件，在室温 20℃左右，按规定的加载速度在拉力试验机上进行。

如图 1-58 所示，为钢材的一次拉伸应力—应变曲线。钢材具有明显的弹性阶段、弹塑性阶段、塑性阶段及应变硬化阶段。

在弹性阶段，钢材的应力与应变成正比，服从胡克定律。这时变形属弹性变形。当应力释放后，钢材能够恢复原状。弹性阶段是钢材工作的主要阶段。

在弹塑性阶段、塑性阶段，应力不再上升而变形发展很快。当应力释放之后，将遗留不能恢复的变形。这种变形属弹塑性、塑性变形。这种过大的永久变形虽不是结构的真正破坏，但却使它丧失常工作能力。因此，在建筑机械的结构计算中，把屈服点 σ_s 看成钢材由弹性变形转入塑性变形的转折点，并作为钢结构容许达到的极限应力。对于受拉杆件，只允许在 σ_s 以下范围内工作。

在应变硬化阶段，当继续加载时，钢材的强度又有显著提高，塑性变形也显著增大（应力与应变已不服从胡克定律），随后将会发生破坏，钢材真正破坏时的强度为抗拉强度 σ_b。

由此可见，从屈服点到破坏，钢材仍有着较大的强度储备，从而增加了结构的可靠性。

钢材在发展到很大的塑性变形之后才出现的破坏，称为塑性破坏。结构在简单的拉伸、弯曲、剪切和扭转的情况下工作时：通常是先发展塑性变形，而后才导致破坏。由于钢材达到塑性破

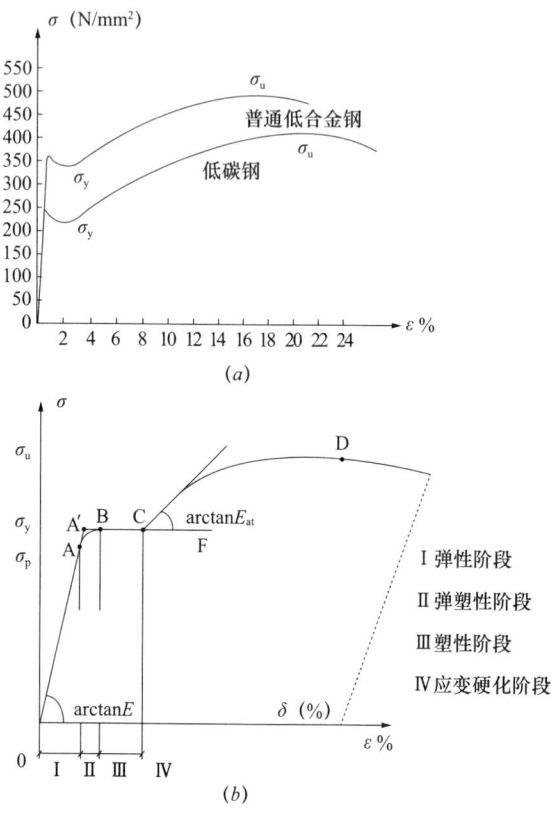

图 1-58 低碳钢的一次拉伸压力—应变曲线
（a）普通低合金钢与低碳钢的一次拉伸应力—应变曲线；
（b）低碳钢拉伸应力—应变曲线的四个阶段

坏时的变形比弹性变形大得多。因此，在一般情况下钢结构产生塑性破坏的可能性不大。即便出现这种情形，事前也易被察觉，能对结构及时采取补强工作。

2. 钢材的脆性

脆性破坏的特征是在破坏之前钢材的塑性变形很不明显，有时甚至是在应力小于屈服点的情况下突然发生，这种破坏形式对结构的危害比较大。影响钢材脆断的因素是多方面的：

（1）低温的影响。

当温度到达某一低温后，钢材就处于脆性状态，冲击韧性很不稳定。钢种不同，冷脆温度也不同。

（2）应力集中的影响。

如钢材存在缺陷（气孔、裂纹、夹杂等），或者结构具有孔洞、开槽、凹角、厚度变化以及制造过程中带来的损伤，都会导致衬料截面中的应力不再保持均匀分布，在这些缺陷、孔槽或损伤处，将产生局部的高峰应力，形成应力集中。

（3）加工硬化（残余应力）的影响。

钢材经过了弯曲、冷压、冲孔、剪裁等加工之后，会产生局部或整体硬化，降低塑性和韧性，加速时效变脆，这种现象称为加工硬化（或冷作硬化）。

热轧型钢在冷却过程中，在截面突变处（尖角、边缘及薄细部位）率先冷却，其他部位渐次冷却，先冷却部位约束阻止后冷却部位的自由收缩，产生复杂的热轧残余应力分布。不同形状和尺寸规格的型钢残余应力分布不同。

（4）焊接的影响。

钢结构的脆性破坏，在焊接结构中常常发生。焊接引起钢材变脆的原因是多方面的，其中主要是焊接温度影响。由于焊接时焊缝附近的温度很高，在热影响区域，经过高温和冷却的过程，使钢材的组织构造和机械性能起了变化，促使钢材脆化。钢材经过气割或焊接后，由于不均匀的加热和冷却，将引起残余应力。残余应力是自相平衡的应力，退火处理后可部分乃至全部消除。

3．钢材的疲劳性

钢材在连续反复荷载作用下，虽然应力还低于抗拉强度甚至屈服点，也会发生破坏，这种破坏属疲劳破坏。

疲劳破坏属于一种脆性破坏。疲劳破坏时所能达到的最大应力，将随荷载重复次数的增加而降低。钢材的疲劳强度采用疲劳试验来确定，各类起重机都有其规定的荷载疲劳循环次数值，达到某一数值时还不破坏的最大应力值为其疲劳强度。

影响钢材疲劳强度的因素相当复杂,它与钢材种类、应力大小变化幅度、结构的连接和构造情况等有关。建筑机械的钢结构多承受动力荷载,对于重级以及个别中级工作类型的机械,须考虑疲劳的影响,并作疲劳强度的计算。

1.4.4 钢结构的连接

钢结构是由钢板、型钢通过必要的连接组成构件,各构件再通过一定的安装连接而形成整体结构。连接部分应有足够的承载力、刚度及延性。被连接构件间应保持正确的相互位置,以满足传力和使用要求。连接的加工和安装比较复杂、费工,因此选定合适的连接方案和节点构造是钢结构设计中重要的环节。连接设计不合理会影响结构的造价、安全和寿命。

钢结构的连接方法可分为焊接、铆接、普通螺栓连接和高强度螺栓连接(图1-59)。铆钉和螺栓统一称为紧固件。

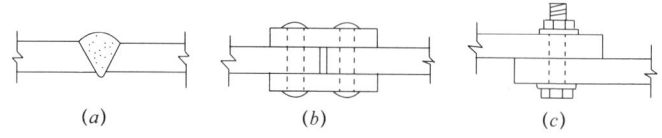

图1-59 钢结构的连接方法
(a)焊缝连接;(b)铆钉连接;(c)螺栓连接

(1)焊缝连接是钢结构最主要的连接方法,其优点是构造简单、不削弱构件截面、节约钢材、加工方便、易于采用自动化操作、连接的密封性好、刚度大。缺点是焊接残余应力和残余变形对结构有不利影响,焊接结构的低温冷脆问题也比较突出。目前除少数直接承受动载结构的某些连接,如重级工作制吊车梁和柱及制动梁的相互连接、桁架式桥梁的节点连接,从使用情况看不宜采用焊接外,焊接可广泛用于工业与民用建筑钢结构和桥梁钢结构。

(2)铆钉连接的优点是塑性和韧性较好,传力可靠,质量易于检查，适用于直接承受动载结构的连接。缺点是构造复杂，用钢量多，目前已很少采用。

（3）普通螺栓连接的优点是施工简单、拆装方便。缺点是用钢量多。适用于安装连接和需要经常拆装的结构。普通螺栓又分为C级螺栓和A级、B级螺栓。C级螺栓一般用Q235钢（螺栓的性能等级为4.6级或4.8级）制成。A、B级螺栓一般用45号钢和35号钢（螺栓的性能等级为8.8级或5.6级）制成。A、B两级的区别只是尺寸不同，其中A级包括$d \leqslant 24\text{mm}$，且$L \leqslant 150\text{mm}$的螺栓，B级包括$d > 24\text{mm}$或$L > 150\text{mm}$的螺栓，d为螺杆直径，L为螺杆长度。C级螺栓加工粗糙，尺寸不够准确，只要求Ⅱ类孔，成本低，C级螺栓的孔径较螺栓直径大$1.0 \sim 1.5\text{mm}$。由于螺栓杆传递拉力的性能仍较好，所以C级螺栓广泛用于承受拉力的安装连接，不重要的连接或用作安装时的临时固定。A、B级螺栓需要机械加工。尺寸准确，要求Ⅰ类孔的栓径和孔径的公称尺寸相同，容许偏差为$0.2 \sim 0.5\text{mm}$间隙。这种螺栓连接传递剪力的性能较好，变形很小，但制造和安装比较复杂，价格昂贵，目前在钢结构中很少采用。

（4）高强度螺栓连接和普通螺栓连接的主要区别是：普通螺栓扭紧螺帽时螺栓产生的预拉力很小，由板面挤压力产生的摩擦力可以忽略不计。普通螺栓连接抗剪时是依靠孔壁承压和栓杆抗剪来传力。高强度螺栓除了其材料强度高之外，施工时还给螺栓杆施加很大的预拉力，使被连接构件的接触面之间产生挤压力，因此板面之间垂直于螺栓杆方向受剪时有很大的摩擦力。依靠接触面间的摩擦力来阻止其相互滑移，以达到传递外力的目的。高强度螺栓抗剪连接分为摩擦型连接和承压型连接。前者以滑移作为承载能力的极限状态，后者的承载能力极限状态和普通螺栓连接相同，但以滑移作为正常使用极限状态。高强度螺栓的另一个特点是不能多次重复使用。尤其是10、9级螺栓，拆卸后即不能再用。

高强度螺栓摩擦型连接只利用摩擦传力这一工作阶段，具有连接紧密、受力良好、耐疲劳、可拆换、安装简单以及动力荷载作用下不易松动等优点，目前在桥梁、工业与民用建筑结构中得到广泛应用，尤其在栓焊桁架桥、重级工作制厂房的吊车梁系统和重要建筑物的支撑连接中已被证明具有明显的优越性。

1.4.5 桁架结构

由杆件通过焊接、铆接或螺栓连接而成的支撑横梁结构，称为"桁架"。桁架由直杆组成的一般具有三角形单元的平面或空间结构，桁架杆件主要承受轴向拉力或压力，从而能充分利用材料的强度，在跨度较大时可比实腹梁节省材料，减轻自重和增大刚度。桁架的优点是杆件主要承受拉力或压力，可以充分发挥材料的作用，节约材料，减轻结构重量。

桁架常用的有钢桁架、钢筋混凝土桁架、预应力混凝土桁架、木桁架、钢与木组合桁架、钢与混凝土组合桁架。在选择桁架形式时，应综合考虑桁架的用途、材料、支承方式和施工条件，在满足使用要求的前提下，力求制造和安装所用的材料和劳动量为最小。

1. 桁架分类

按照桁架结构可分为三角形桁架、梯形桁架、多边形桁架、平行弦桁架以及空腹桁架。

（1）三角形桁架：在沿跨度均匀分布的节点荷载下，上下弦杆的轴力在端点处最大，向跨中逐渐减少；腹杆的轴力则相反。三角形桁架由于弦杆内力差别较大，材料消耗不够合理，多用于瓦屋面的屋架中。

（2）梯形桁架：和三角形桁架相比，杆件受力情况有所改善，而且用于屋架中可以更容易满足某些工业厂房的工艺要求。如果梯形桁架的上、下弦平行就是平行弦桁架，杆件受力情况较梯形略差，但腹杆类型大为减少，多用于桥梁和栈桥中。

（3）多边形桁架：也称折线形桁架。上弦节点位于二次抛物线上，如上弦呈拱形可减少节间荷载产生的弯矩，但制造较为复杂。在均布荷载作用下，桁架外形和简支梁的弯矩图形相似，因而上下弦轴力分布均匀，腹杆轴力较小，用料最省，是工程中常用的一种桁架形式。

（4）平行弦桁架：上弦压杆，跨中节间杆最大，靠支座逐节变小；下弦拉杆，跨中节间杆最大，靠支座逐节变小；腹杆相反，靠支座的大，跨中的最小。跨中截面弦杆的拉力（或压力）乘以上、下弦杆间的距离成为的力矩与荷载产生的跨中最大弯矩相等，方向相反，以维持平衡。

（5）空腹桁架：基本取用多边形桁架的外形，上弦节点之间为直线，无斜腹杆，仅以竖腹杆和上下弦相连接。杆件的轴力分布和多边形桁架相似，但在不对称荷载作用下杆端弯矩值变化较大。优点是在节点相交会的杆件较少，施工制造方便。

2. 桁架结构特点

桁架结构各杆件受力均以单向拉、压为主，通过对上下弦杆和腹杆的合理布置。可适应结构内部的弯矩和剪力分布。由于水平方向的拉、压内力实现了自身平衡，整个结构不对支座产生水平推力。结构布置灵活，应用范围非常广。

桁架梁和实腹梁（即我们一般所见的梁）相比，在抗弯方面，由于将受拉与受压的截面集中布置在上下两端，增大了内力臂，使得以同样的材料用量，实现了更大的抗弯强度。在抗剪方面，通过合理布置腹杆，能够将剪力逐步传递给支座。这样无论是抗弯还是抗剪，桁架结构都能够使材料强度得到充分发挥，从而适用于各种跨度的建筑屋盖结构。更重要的意义还在于，它将横弯作用下的实腹梁内部复杂的应力状态转化为桁架杆件内简单的拉压应力状态，使我们能够直观地了解力的分布和传递，便于结构的变化和组合。此外它还有以下特点：

（1）足够的强度，通常不发生断裂或塑性变形；

（2）足够的刚性，一般不发生过大的弹性形变；

（3）足够的稳定性，不易发生因平衡形式的突然转变而导致坍塌；

（4）良好的动力学特性，具有良好的抗震、抗风性。

1.5 机械基础知识

1.5.1 机械的概念

机械是指机器和机构的总称。机械就是能帮人们降低工作难度或省力的工具装置，像筷子、扫帚及镊子一类的物品都可以被称为机械，他们是简单机械。而复杂机械就是由两种或两种以上的简单机械构成。通常把这些复杂的机械叫做机器。从结构和运动的观点来看，机器和机构并无区别，泛称为机械。

1．机器

一般机器基本上都是由原动部分、工作部分和传动部分组成。原动部分是机器动力的来源。常用的原动机有电动机、内燃机、空气压缩机等。工作部分是完成机器预定的动作，处于整个传动的终端，其结构形式主要取决于机器工作本身的用途。机器一般有以下三个共同的特征：

（1）机器是由许多的部件组合而成的。

（2）机器中的构件之间具有确定的相对运动。

（3）机器能完成有用的机械功或者实现能量转换。例如，运输机能改变物体的空间位置；发电机能把机械能转换成电能等。

2．机构

机构与机器有所不同，机构具有机器的前两个特征，而没有最后一个特征。通常把这些具有确定相对运动构件的组合称为机构。所以，机构和机器的区别是机构的主要功用在于传递或转变运动的形式，而机器的主要功用是为了利用机械能做功或能量转换。

1.5.2 连接件与紧固件

机械是有零件组成的。为了满足功能、结构、制造、装配、维修和运输等方面的要求，组成机械的各零件是通过各种制约关系组合在一起的，各零件之间的这种制约关系称为连接。

（1）连接的分类和选择

1）连接的分类

根据连接的可拆性分为：可拆连接和不可拆连接。可拆连接可以经过多次拆装，拆装时不损伤连接中的任何零件，且其工作能力不遭破坏，如螺纹连接、键连接、花键连接以及销连接等。不可拆连接若需拆开，至少会损坏连接中的一个零件，如焊接、粘结、铆钉连接等。

根据采用的连接件与紧固件不同，连接分为：螺纹连接、键连接、销连接、铆钉连接等。

2）连接的选择

连接类型的选择是以使用要求、经济要求以及被连接件的尺寸等为依据的。一般地说，采用不可拆连接多系由于制造和经济上的原因；采用可拆连接多系由于结构、安装、运输、维修上的原因。不可拆连接的制造成本通常较科拆连接低廉。

在具体选择连接的类型时，还需考虑到连接的加工条件和被连接零件的材料、形状及尺寸等因素。例如：板件与板件的连接，多选用螺纹连接、焊接、铆接；杆件与杆件的连接，多选用螺纹连接或焊接；轴与轮毂的连接则常选用键、花键连接。

（2）螺纹连接

1）螺纹的类型和应用

螺纹有内螺纹和外螺纹，二者共同组成螺旋副用于连接或传动。按照母体的形状分为圆柱螺纹和圆锥螺纹；按牙型分为三角形螺纹、矩形螺纹、梯形螺纹和锯齿形螺纹。根据螺纹螺旋方向又分为左旋和右旋螺纹。三角形螺纹主要用于连接，而矩形、梯形和锯齿形螺纹主要用于传动，其中除矩形外均已标准化。标准螺纹的基本尺寸可查阅有关标准。

2）螺纹连接的类型

① 螺栓连接

螺栓连接是用螺栓和螺母将被连接件连接起来。这种连接通常用于被连接件不太厚和两边有足够的装配空间的场合。

常用的普通螺栓连接如图1-60所示。其特点是被连接件上的通孔和螺栓杆间有间隙，故通孔的加工精度要求较低，其结构简单，装拆方便，因此应用广泛。

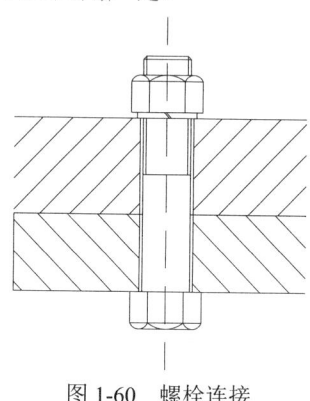

图1-60 螺栓连接

② 螺钉连接

螺钉连接是用螺栓（或连接用螺钉）直接拧入被连接件之一的螺纹孔内而实现连接，不用螺母。适用于不能采用螺栓连接（例如被连接件太厚或不宜制成通孔）及不需经常拆卸的场合（图1-61a）。

③ 双头螺柱连接

双头螺柱的两端均有螺纹，其一端紧固地旋入被连接件的螺纹孔内，另一端与螺母旋合而将两被连接件连接（图1-61b）。它用于不能用螺栓连接且又经常拆卸的场合。

④ 紧定螺钉连接

紧定螺钉连接是利用拧入一零件螺纹孔中的紧定螺钉的末端顶住另一零件的表面或顶入相应的凹坑中（图1-62），以固定两个零件的相对位置，并可传递不大的转矩。

⑤ 其他螺纹连接

除上述四种基本螺纹连接形式外，还有一些特殊的结构的连接。例如专门用于将机座或机架固定在地基上的地脚螺栓连接

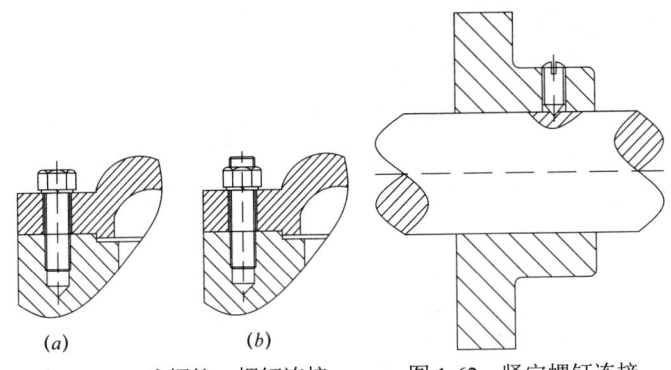

图 1-61 双头螺柱、螺钉连接　　图 1-62 紧定螺钉连接

(图 1-63),装在机器或大型零、部件的顶盖或外壳上便于起吊用的吊环螺栓连接(图 1-64),用于工装设备中的 T 型槽螺栓连接(图 1-65)等。

我国目前的螺纹连接件,已形成标准化,螺栓螺母均可按照不同需要选取。

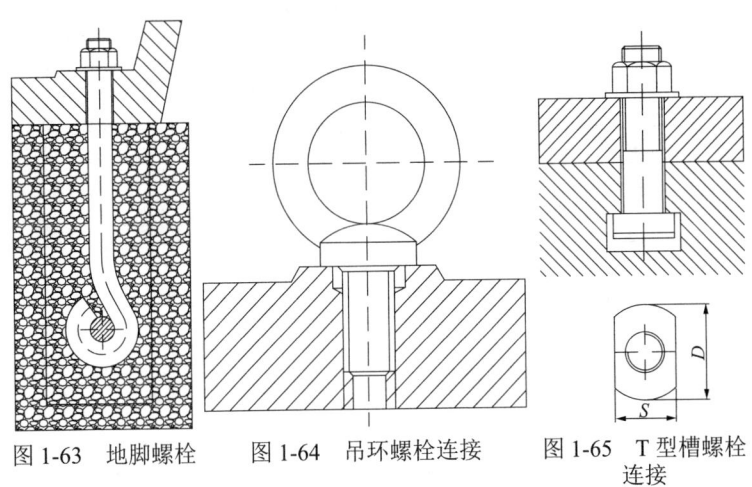

图 1-63 地脚螺栓　　图 1-64 吊环螺栓连接　　图 1-65 T 型槽螺栓连接

(3)焊接连接

焊接常用的是属于熔融焊的电焊、气焊、与电渣焊,其中尤以电焊应用最广。电焊又分为电阻焊与电弧焊两种。前者是利

65

用大的低压电流通过被焊件时，在电阻最大的接头处引起强烈发热，使金属局部熔化，同时机械加压而形成的连接；后者则是利用电焊机的低压电流，通过电焊条与被焊件间形成的电路，在两极间引起电弧来熔融被焊接部分的金属和焊条，使熔融的金属混合并填充接缝而形成的连接。焊接材料包括焊条、焊丝、焊剂、钎料、保护气体等。常用的焊接接头形式见表1-1。

常用的焊接接头形式　　　　　　表1-1

对接接头	对接接头用于连接基本上在同一平面的金属板。其传力效率高，易保证焊透和排除工艺缺陷，可获得较好的综合性能。其缺点是焊前准备工作量大，组装费工时且焊接变形较大。常用对接接头的形式如图（a）所示  （Ⅰ）用于静载　（Ⅱ）用于静载　（Ⅲ）用于静载　（Ⅳ）用于静载 （Ⅴ）用于动载　（Ⅵ）用于动载　（Ⅶ）用于动载 图（a）不等厚度断面对接接头
搭接接头	搭接接头的工作应力分布较复杂，母材及焊接材料的消耗量较大。但由于其焊前准备工作量较对接接头要少，对焊工的技术水平要求比对接接头低，且焊接横向收缩量也较小，因而广泛用于工作条件良好且又不重要的连接中。常用搭接接头的形式如图（b）所示 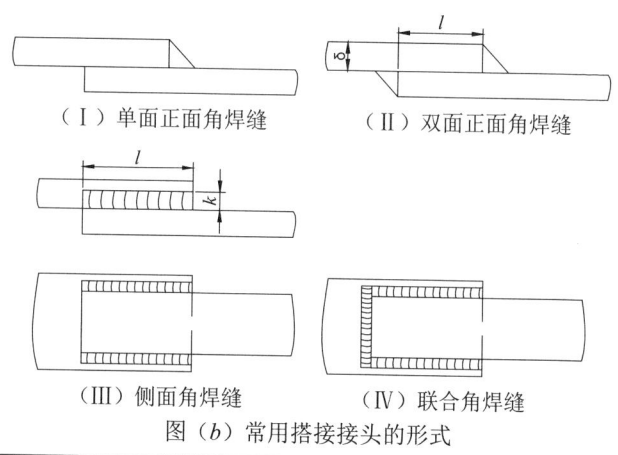 （Ⅰ）单面正面角焊缝　　（Ⅱ）双面正面角焊缝 （Ⅲ）侧面角焊缝　　（Ⅳ）联合角焊缝 图（b）常用搭接接头的形式

续表

T形接头和十字接头	T形接头和十字接头是连接相互垂直板件的重要接头形式。这种接头有较严重的应力集中，如图（c）所示，接头强度一般低于母材。另外，T形接头和十字接头应避免在钢板厚度方向受拉，以防止钢板出现层状撕裂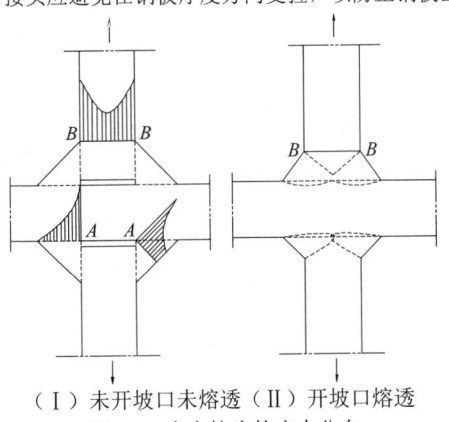（Ⅰ）未开坡口未熔透（Ⅱ）开坡口熔透 图（c）十字接头的应力分布
角接接头	角接接头常用于箱形构件，其接头形式比较多，常用的接头形式如图（d）所示。其中图（d）（Ⅰ）为最常见的形式，它装配方便，省工时，是最经济的角接接头；图（d）（Ⅰ）（Ⅱ）（Ⅲ）只有单面焊缝，对承受箭头所指方向的弯矩不利；图（d）（Ⅳ）（Ⅴ）（Ⅵ）有双面焊缝，具有较大的抗弯能力；图（d）（Ⅶ）多用于厚板，焊缝尺寸小，外观平整，但易产生层状撕裂；图（d）（Ⅷ）（Ⅸ）（Ⅹ）用于不等厚度板的角接接头；图（d）（Ⅷ）（ⅩⅣ）（ⅩⅤ）适于薄板连接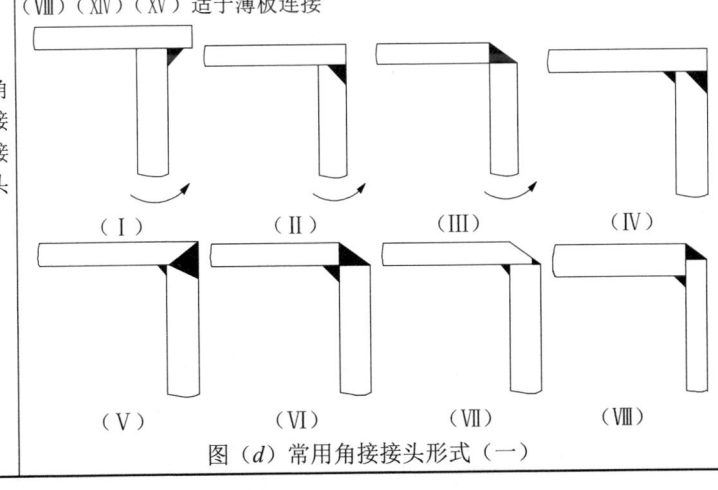图（d）常用角接接头形式（一）

续表

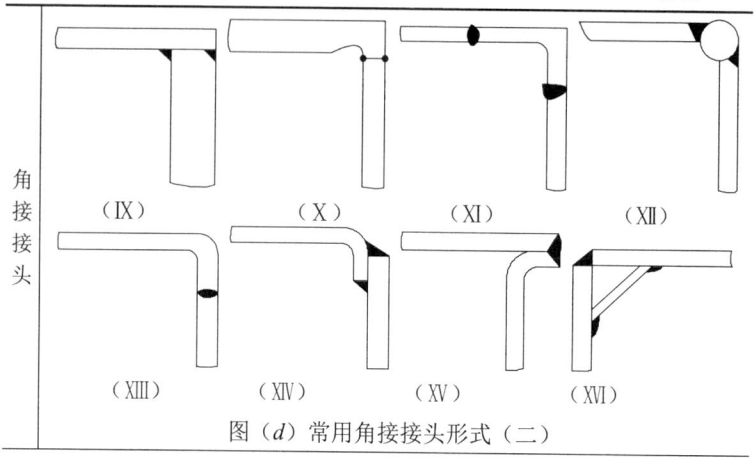

图（d）常用角接接头形式（二）

（4）铆钉连接

铆钉连接是利用铆钉将两个或两个以上的元件（一般为板材或型材）连接在一起的一种不可拆的静连接。铆钉有空心、实心和抽心铆钉等多种类型，其中实心铆钉多用于受力大的金属零件的连接，空心铆钉一般用于受力较小的薄板或非金属零件的连接，抽芯铆钉是一种新型的铆钉结构，应用很广，适用于各种车辆、船舶、机械及建筑行业，它可以在单面进行铆接作业，装配方便、高效、牢固，能铆接有震动部位的密封结构件。

铆接分为冷铆和热铆，铆钉种类很多，且已经标准化，可根据具体要求进行选择。

1.6 液压传动基础知识

1.6.1 液压传动的基本原理

液压系统利用液压泵将机械能转换为液体的压力能，再通过各种控制阀和管路的传递，借助液压执行元件（液压缸或液压马达）把液体压力能转换为机械能，从而驱动工作机构，实现直线往复运动或回转运动。

如图1-66所示,是一个简单、完整的液压传动系统,其工作原理如下。

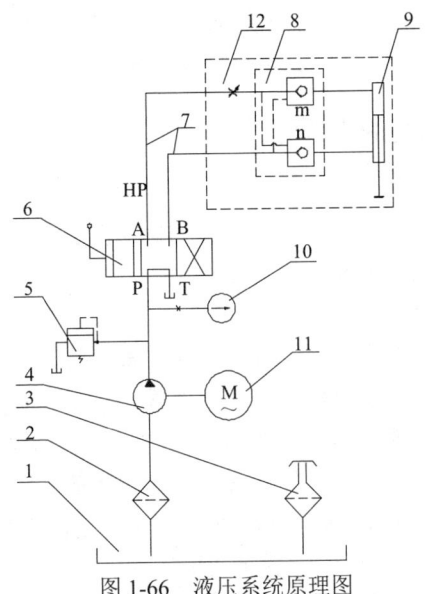

图1-66 液压系统原理图

1—油箱;2—滤油器;3—空气滤清器;4—液压泵;5—溢流阀;
6—手动换向阀;7—HP(高压胶管);8—双向液压锁;9—顶升油缸;
10—压力表;11—电动机;12—节流阀

推动油缸活塞伸出时,手动换向阀6处于上升位置(图示左位),液压泵4由电动机带动旋转后,从油箱1中吸油,油液经滤油器2进入液压泵4,由液压泵4转换成压力油P→A→HP(高压胶管7)→节流阀12→液控单向阀m→油缸无杆腔,推动缸筒上升,同时打开液控单向阀n,以便回油反向流动。回油:油杆腔→液控单向阀n→HP(高压胶管7)→手动换向阀B口→T口→油箱。

推动油缸活塞杆收缩时,手动换向阀6处于下降位置(图示右位),压力油P口→B→HP(高压胶管7)→液控单向阀n→油缸有杆腔,同时压力油也打开液控单向阀m,以便回油反向流

69

动。回油：油缸无杆腔→液控单向阀 m → HP（高压胶管 7）→手动换向阀 A 口→ T 口→油箱。

卸荷：手动换向阀 6 处于中间位置。电动机 11 启动，油泵 4 工作，油液经滤油器 2 进入油泵 4，再到换向阀 6 中间位置 P → T 回到油箱 1，此时系统处理卸荷状态。

1.6.2 液压系统的主要元件

（1）动力元件

它供给液压系统压力，并将原动机输出的机械能转换为油液的压力能，从而推动整个液压系统工作，最常用的是液压泵，它给液压系统提供压力。

液压泵一般有齿轮泵、叶片泵和柱塞泵等几个种类。其中柱塞泵是靠柱塞在液压缸中往复运动造成容积变化来完成吸油与压油的。轴向柱塞泵是柱塞中心线互相平行于缸体轴线的一种泵，有斜盘式和斜轴式两类。斜盘式的缸体与传动轴在同一轴线，斜盘与传动轴成一倾斜角，它可以是缸体转动，也可以是斜盘转动，如图 1-67（a）所示。斜轴式的则为缸体相对传动轴轴线一倾斜角。轴向柱塞泵具有结构紧凑，径向尺寸小，结构也比较复杂，如图 1-67（b）所示。轴向柱塞泵在高工作压力的设备中应用很广。

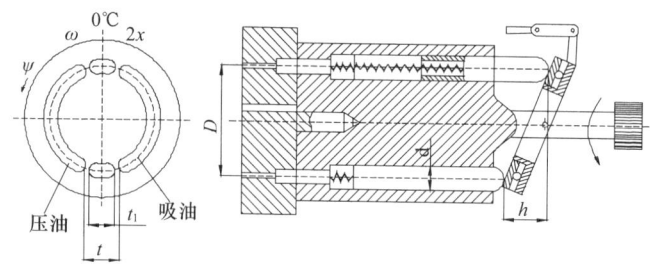

(a)

图 1-67 柱塞泵工作原理图（一）
(a) 斜盘式

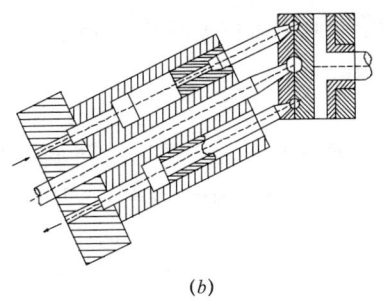

(b)

图 1-67　柱塞泵工作原理图（二）

(b) 斜轴式

（2）执行元件

执行元件是把液压能转换成机械能的装置，以驱动工作部件运动。最常用的是液压缸或液压马达。

1）液压缸

一般用于实现往复直线运动或摆动，将液压能转换为机械能，是液压系统中的执行元件。

2）液压马达

液压马达也是将压力能转换成机械能的转换装置。与液压油缸不同的是液压马达是以转动的形式输出机械能。液压马达有齿轮式、叶片式和柱塞式之分。

液压马达和液压泵从原理上讲，他们是可逆的。当电动机带动其转动时由其输出压力能（压力和流量），即为液压泵；反之，当压力油输入其中，由其输出机械能（转矩和转速），即是液压马达。

（3）控制元件

控制元件（即各种液压阀）在液压系统中控制和调节液体的压力、流量和方向，以保证执行元件完成预期的工作运动。根据控制功能的不同，液压阀可分为压力控制阀、流量控制阀和方向控制阀。压力控制阀又分为溢流阀（安全阀）、减压阀、顺序阀、压力继电器等；流量控制包括节流阀、调整阀、分流集流阀等；

71

方向控制阀包括单向阀、液控单向阀、换向阀等，下面分别介绍几种常用的液压阀。

1）溢流阀

溢流阀是一种液压压力控制阀，通过阀口的溢流，使被控制系统压力维持恒定，实现稳压、调压、限压作用。它依靠弹簧力和油的压力的平衡来实现液压泵供油压力的调节，如图1-68所示。

图1-68 溢流阀

2）换向阀

换向阀是借助于阀芯与阀体之间的相对运动来改变油液流动方向的阀。按阀体连通的主要油路数不同，换向阀可分为二通、三通、四通等；按阀芯在阀体内的工作位置数不同，换向阀可分为二位、三位、四位等；按操作方式不同，换向阀可分为手动、电磁动、机动、液动、电液动等。最常用的换向阀是三位四通电磁换向阀、二位四通电磁换向阀。下面介绍三位四通电磁换向阀的工作原理。

如图1-69所示，阀芯有三个工作位置，即左位、中位、右位，称为三位，阀体上有四个通路T、A、B、P称为四通，P为进油口，T为回油口，A、B为通往执行元件两端的油口，阀体两端电磁铁控制，此阀称为三位四通电磁换向阀。当阀芯处于中位时，各通道均堵住，液压缸两腔既不能进油，也不能回油，此时活塞锁住不动。当左位电磁铁E带电时，阀芯处于左位，压力油从P口流入，A口流出，回油从B口流入，T口流回油箱，此时油缸活塞杆伸出。当右位电磁铁F带电时，阀芯处于右位，压力油从P口流入，B口流出，回油从A口流入，T口流回油箱，此时换向阀换向，油缸活塞杆缩回。

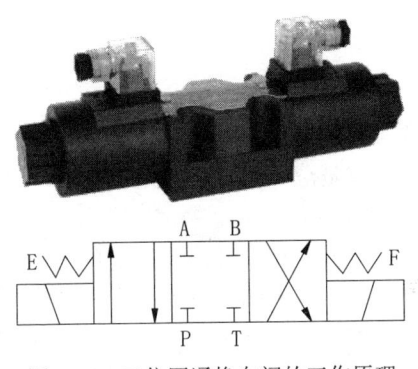

图 1-69　三位四通换向阀的工作原理

3）流量控制阀

流量控制阀是通过改变液流的通流截面来控制系统工作流量，以改变执行元件运动速度。常用的流量控制阀有节流阀和调速阀，如图 1-70 所示。

图 1-70　节流阀

4）辅助元件

辅助元件指各种管接头、油管、油箱、过滤器、压力表、液位计、温度计等，起连接、储油、过滤、测量油压、测量油位、测量油温等辅助作用，以保证液压系统可靠、稳定、持久地工作。

1.6.3 液压油

液压油是液压系统的工作介质，指在液压系统中承受压力并传递压力的油液，也是液压元件的润滑剂和冷却剂。

1．液压油的性质

液压油的性质对液压传动性能有明显的影响。因此在选用液压油时应注意液压油的黏度随温度变化的性能、抗磨损性、抗氧化安定性、抗乳化性、抗剪切安定性、抗泡沫性、抗燃性、抗橡胶溶胀性、防锈性等。

液压油性质的不同，其价格也相差很大。在选择液压油时应根据设备说明书的规定并结合使用环境选用合适的液压油，既要使用又不至于浪费。

2．液压油的更换

油箱在第一次加满油后，经开机运转应向油箱内进行二次加油，并使液压油至油位观察窗上限，以确保油箱内有足够的油液循环。

在使用过程中由于液压油氧化变质，各种理化性能下降。因此，应及时更换液压油。

换油周期可按以下几种方法确定。

（1）综合分析测定法。依靠化验仪器定期取样测定主要理化性能指标，连续监控油的变质状况。

（2）固定周期换油法。是指按液压系统累计运转小时数换油。通常按使用说明书要求的周期进行更换。

（3）经验判断法。通过采集油样与新油相比进行外观检查，观看油液有无颜色、水分、沉淀、泡沫、异味、黏度等差异，综合各类情况作出外观判断与处理。当液压油变成乳白色,或混入杂质、金属粉末,应过滤或换油;当液压油变成黑褐色,或有臭味、氧化变质,应全部换油。

1.7 起重吊装基础知识

起重吊装作业是设备、设施安装拆卸过程中重要的环节。对于不同的设备、设施,在运输和安装过程中,必须使用适当的起重吊装运输机具,采用相应的起重吊装运输方法。

起重吊装是把所要安装的设备、设施,用起重设备或人工方法将其吊运至预定安装位置上的过程。

1.7.1 物体重量的计算

物体的重量是由物体的体积和它本身的材料密度所决定的,我们平常所说的物体的重量近似物体的质量,质量单位为千克(公斤),单位符号 kg。为了正确计算物体的质量,必须掌握物体体积的计算方法和各种材料密度等有关知识。

(1)长度的计量单位

工程上常用的长度基本单位是毫米(mm)、厘米(cm)和米(m)。它们之间的换算关系是 1m = 100cm = 1000mm。

(2)面积的计算

物体体积的大小与它本身截面面积的大小成正比。各种规则几何图形的面积计算公式见表 1-2。

平面几何图形面积计算公式表　　　　表 1-2

名称	图形	面积计算公式
正方形		$S=a^2$
长方形		$S=ab$

续表

名称	图形	面积计算公式
平行四边形		$S=ah$
三角形		$S=\dfrac{1}{2}ah$
梯形		$S=\dfrac{(a+b)h}{2}$
圆形		$S=\dfrac{\pi}{4}d^2$ （或 $S=\pi R^2$） 式中　d—圆直径； 　　　R—圆半径
圆环形		$S=\dfrac{\pi}{4}(D^2-d^2)=\pi(R^2-r^2)$ 式中　d、D—分别为内、外圆环直径； 　　　r、R—分别为内、外圆环半径
扇形		$S=\dfrac{\pi R^2\alpha}{360}$ 式中　α—圆心角（°）

（3）体积的计算

物体的体积大体可分两类：即具有标准几何形体的和由若干规则几何体组成的复杂形体两种。对于简单规格的几何形体的体积计算可直接由表1-3中计算公式查取，对于复杂的物体体积，可将其分解成数个规则的或近似的几何形体，查表1-3按相应计算公式计算并求其体积的总和。

各种几何形体体积计算公式表　　　表1-3

名称	图形	公式
立方体		$V=a^3$

续表

名称	图形	公式
长方体		$V=abc$
圆柱体		$V=\dfrac{\pi}{4}d^2h=\pi R^2h$ 式中　R—半径
空心圆柱体		$V=\dfrac{\pi}{4}(D^2-d^2)\,h$ $\quad=\pi(R^2-r^2)\,h$ 式中　r、R—内、外半径
斜截圆柱体		$V=\dfrac{\pi}{4}d^2\dfrac{(h_1+h)}{2}$ $\quad=\pi R^2\dfrac{(h_1+h)}{2}$ 式中　R—半径
球体		$V=\dfrac{4}{3}\pi R^3=\dfrac{1}{6}\pi d^3$ 式中　R—球体半径； d—球体直径
圆锥体		$V=\dfrac{1}{12}\pi d^2h=\dfrac{\pi}{3}R^2h$ 式中　R—底圆半径； d—底圆直径
三棱体		$V=\dfrac{1}{2}bhl$ 式中　b—边长； h—高； l—三棱体长

（4）重量的计算

计算物体重量时，离不开物体材料的密度，所谓密度是指由一种物质组成的物体的单位体积内所具有的质量，其单位是 kg/m^3。

物体的质量可根据下式计算:
物体的质量 = 物体的密度 × 物体的体积
$$m=\rho \cdot V$$
式中　m——物体的质量，kg；

ρ——物体的材料密度，kg/m³；

V——物体的体积，m³。

1.7.2　物体重心的计算

1. 重心的概念

重心是物体所受重力的合力的作用点，物体的重心位置由物体的几何形状和物体各部分的质量分布情况来决定。质量分布均匀、形状规则的物体的重心在其几何中心。物体的重心可能在物体的形体之内，也可能在物体的形体之外。

（1）物体的形状改变，其重心位置可能不变。如一个质量分布均匀的立方体，其重心位于几何中心。当该立方体变为一长方体后，其重心仍然在其几何中心；当一杯水倒入一个弯曲的玻璃管中，其重心就发生了变化。

（2）物体的重心相对物体的位置是一定的，它不会随物体放置的位置改变而改变。

2. 重心的确定

（1）材质均匀、形状规则的物体的重心位置容易确定，如均匀的直棒，它的重心在它的中心点上，均匀球体的重心就是它的球心，直圆柱的重心在它的圆柱轴线的中点上。

（2）对形状复杂的物体，可以用悬挂法求出它们的重心。如图 1-71 所示，方法是在物体上任意找一点 A，用绳子把它悬挂起来，物体的重力和悬索的拉力必定在同一条直线上，也就是重心必定在通过 A 点所作的竖直线 AD 上；再取任一点 B，同样把物体悬挂起来，重心必定在通过 B 点的竖直线 BE。这两条直线的交点，就是该物体的重心。

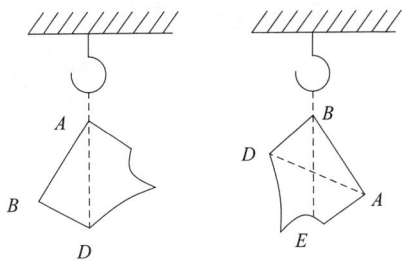

图 1-71 悬挂法求形状不规则物体的重心

1.7.3 吊点的选择

1. 吊点选择的一般原则

在起重作业中,应当根据被吊物体来选择吊点,吊点选择不当就会造成绳索受力不均,甚至发生被吊物体转动、倾翻的危险。吊点的选择,一般按下列原则进行:

(1) 吊运各种设备、构件时要用原设计的吊耳或吊环。

(2) 吊运各种设备、构件,如果没有吊耳或吊环,可在设备四个端点上捆绑吊索,然后根据设备具体情况,选择吊点,使吊点与重心在同一条垂线上。

(3) 吊运方形物体时,四根绳应拴在物体的四边对称点上。

2. 细长物体吊点位置的确定方法

吊装细长物体时,如桩、钢筋、钢柱、钢梁杆件,应按计算确定吊点位置绑扎绳索,吊点位置的确定有以下几种情况:

(1) 一个吊点:起吊点位置应设在距起吊端 $0.3L$(L 为物体的长度)处。如钢管长度为 10m,则捆绑位置应设在钢管起吊端距端部 $10×0.3m = 3m$ 处,如图 1-72(a)所示。

(2) 两个吊点:如起吊用两个吊点,则两个吊点应分别距物体两端 $0.21L$ 处。如果物体长度为 10m,则吊点位置为 $10×0.21m = 2.1m$,如图 1-72(b)所示。

(3) 三个吊点:如物体较长,为减少起吊时物体所产生的应力,可采用三个吊点。三个吊点位置确定的方法是,首先用

0.13L 确定出两端的两个吊点位置，然后把两吊点间的距离等分，即得第三个吊点的位置，也就是中间吊点的位置。如杆件长 10m，则两端吊点位置为 10×0.13m = 1.3m，如图 1-71（c）所示。

（4）四个吊点:选择四个吊点，首先用 0.095L 确定出两端的两个吊点位置，然后再把两吊点间的距离三等分，即得中间两吊点位置。如杆件长 10m，则两端吊点位置分别距两端 10×0.095m = 0.95m，中间两吊点位置分别距两端 10×0.095+10×（1-0.095×2）/3，如图 1-72（d）所示。

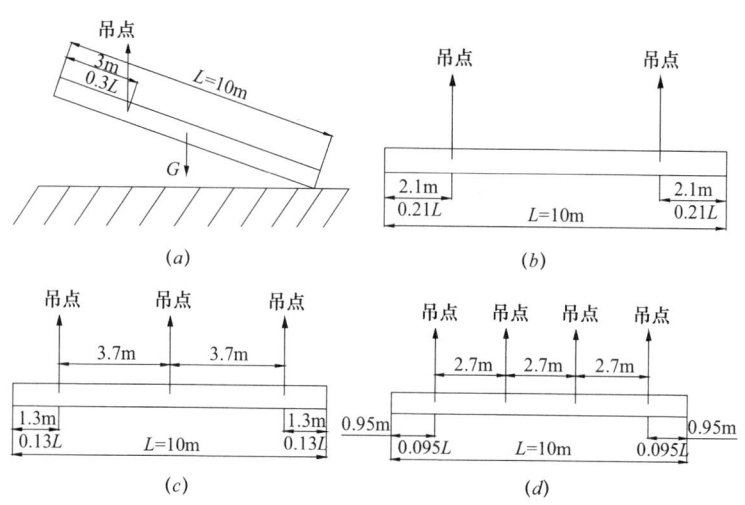

图 1-72 吊点位置选择示意图
（a）单个吊点；（b）两个吊点；（c）三个吊点；（d）四个吊点

1.7.4 常用起重吊具索具

起重吊装作业中要使用许多辅助工具，如钢丝绳、吊索、吊钩、滑轮组等。

1. 钢丝绳

钢丝绳是起重作业中必备的重要部件。钢丝绳通常由多根钢丝绳捻制而成。钢丝绳具有强度高、自重轻、弹性大等特点，能承受振动荷载，能卷绕成盘，能在高速下平稳运行且噪声小，广泛应用于捆绑物体及起重机起升、牵引、缆风等。

（1）钢丝绳选用

选用钢丝绳应遵循下列原则：

1）所用钢丝绳长度应满足起重机的使用要求，并且在卷筒上的终端位置应至少保留三圈钢丝绳。

2）应遵守起重机手册和由钢丝绳制造商给出的使用说明书中的规定，并必须有产品检验合格证。

3）能承受所要求的拉力，保证足够的安全系数。

4）能保证钢丝绳受力不发生扭转。

5）耐疲劳，能承受反复弯曲和振动作用。

6）有较好的耐磨性能。

7）与使用环境相适应。

（2）钢丝绳安全系数

在钢丝绳受力计算和选择钢丝绳时，考虑到钢丝绳受力不均、负荷不准确、计算方法不精确和使用环境复杂等一系列不利因素，应给予钢丝绳一个储备能力。因此，确定钢丝绳的受力时必须考虑一个系数，作为储备能力，这个系数就是选择钢丝绳的安全系数、起重用钢丝绳必须预留足够的安全系数，是基于以下因素确定的：

1）钢丝绳的磨损，疲劳破坏，锈蚀，不恰当使用，尺寸误差，制造质量缺陷等不利因素带来的影响。

2）钢丝绳的固定强度达不到钢丝绳本身的强度。

3）由于惯性及加速作用（如启动、制动、振动等）而造成的附加载荷的作用。

4）由于钢丝绳通过滑轮槽时的摩擦阻力作用。

5）吊重时的超载影响。

6）吊索及吊具的超重影响。

7）钢丝绳在绳槽中反复弯曲而造成的危害的影响。

钢丝绳的安全系数是不可缺少的安全储备,绝不允许凭借这种安全储备而擅自提高钢丝绳的最大允许安全荷载,钢丝绳的安全系数见表1-4。

钢丝绳的安全系数　　　　　　　表1-4

用途	安全系数	用途	安全系数
作缆风绳	3.5	作吊索、无弯曲时	6~7
用于手动起重设备	4.5	作捆绑吊索	8~10
用于机动起重设备	5~6	用于载人的升降机	14

(3) 钢丝绳的储存

1) 装卸运输过程中,应谨慎小心,卷盘或绳卷不允许坠落,也不允许用金属吊钩或叉车的货叉插入钢丝绳。

2) 钢丝绳应储存在凉爽、干燥的仓库里,且不应与地面接触,严禁存放在易受化学烟雾、蒸汽或其他腐蚀剂侵袭的场所。

3) 储存的钢丝绳应定期检查,如有必要,应对钢丝绳进行包扎。

4) 户外储存不可避免时,地面上应垫木方,并用防水毡布等进行覆盖,以免湿气导致锈蚀。

5) 储存从起重机上卸下的待用钢丝绳时,应进行彻底的清洁,在储存之前对每一根钢丝绳进行包扎。

6) 长度超过30m的钢丝绳应在卷盘上储存。

7) 为搬运方便,内部绳端应首先被固定到邻近的外圈。

(4) 钢丝绳的固定与连接

钢丝绳与卷筒、吊钩滑轮组或起重机结构的连接,应采用起重机制造商规定的钢丝绳端接装置,或经起重机设计人员、钢丝绳制造商或有资格人员的准许的供选方案。

终端固定应确保安全可靠,并且应符合起重机手册的规定。常用的连接和固定方式有以下几种,如图1-73所示。

(5) 钢丝绳的维护

对钢丝绳所进行的维护应与起重机、起重机的使用环境以及所涉及的钢丝绳类型有关。除非起重机或钢丝绳制造商另有指

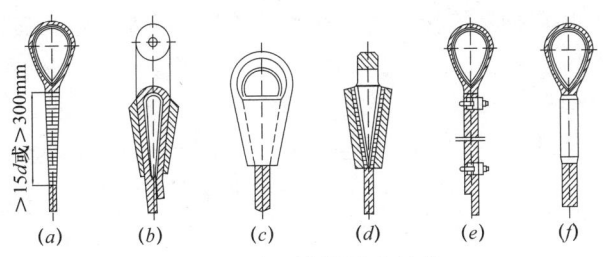

图 1-73 钢丝绳固定与连接
（a）编结连接；（b）楔块连接；（c）楔套连接；（d）锥形套浇铸法；
（e）绳夹连接；（f）铝合金套压缩法

示，否则钢丝绳在安装时应涂以润滑脂或润滑油。以后钢丝绳应在必要的部位做清洗工作，而对有规则的时间间隔内重复使用的钢丝绳，特别是绕过滑轮长度范围内的钢丝绳在显示干燥或锈蚀迹象之前，均应使其保持良好的润滑状态。

钢丝绳的润滑油（脂）应与钢丝绳制造商使用的原始润滑油（脂）一致，且具有渗透力强的特性。

从卷轴或钢丝绳卷上抽放钢丝绳时，应在洁净的地方拖拉，采取措施防止钢丝绳弯折、扭结或沾染杂物，防止外界因素对钢丝绳的损伤、腐蚀而使其性能降低。

使用中避免两钢丝绳在交叉或叠压状态下受力，合理设计卷绕系统的结构，尽量减少钢丝绳弯折次数并避免反向弯折，防止钢丝绳打结、扭曲、过度弯曲和划磨。

为防止备用钢丝绳的损坏，应储存在清洁、通风而干燥的仓库内，钢丝绳技术参数的标记应保存良好。

（6）钢丝绳吊索的安全使用

1）制作吊索的钢丝绳应是符合《重要用途钢丝绳》GB/T 8918—2006 中规定的多股钢丝绳。

2）多肢吊索任何肢间有效长度在无载荷测量时，误差不得超过钢丝绳直径的 ±2 倍或不大于规定长度的 ±0.5%。

3）吊索两端插接连接索眼之间最小净长度，不得小于该吊索钢丝绳公称直径的 40 倍。

4）环形插接连接吊索的最小周长，应不小于该吊索钢丝绳公称直径的96倍。

5）索眼绳端固定连接应避免一端相对另一端扭转。

6）当索眼与端部配件连接时，宜镶嵌相应的索具套环。否则端部配件与软索眼接触连接部位的曲率半径不得小于钢丝绳的公称直径。

7）直接挂入起重机械吊钩的硬索眼应与吊钩尺寸相适应，两者之间必须有足够的间隙，以确保硬索眼能挂入钩底。

8）吊索必须由整根绳索制成，中间不得有接头，环形吊索只允许有一处接头。

（7）钢丝绳吊索的报废

钢丝绳吊索，当出现下列情况之一时，应停止使用、维修、更换或报废。

1）无规律分布损坏，在6倍钢丝绳直径的长度范围内，可见断丝总数超过钢丝总数的5%。

2）钢丝绳局部可见断丝损坏；有三根以上断丝聚集在一起。

3）索眼表面出现集中断丝或断丝集中在金属套管、插接处附近，插接连接绳股中。

4）钢丝绳严重锈蚀：柔性降低，表面粗糙，在锈蚀部位实测钢丝绳直径已不到原公称直径的93%。

5）因打结、扭曲、挤压造成钢丝绳畸变、压破、芯损坏或钢丝绳压扁超过原公称直径的20%。

6）钢丝绳热损坏：由于电弧、熔化金属液浸烫或长时间暴露于高温环境中引起的强度下降。

7）插接处严重受挤压、磨损或绳径缩小到原公称直径的95%。

8）绳端固定连接的金属套管或插接连接部分滑出。

9）端部配件按各报废标准执行。

2. 钢丝绳夹

钢丝绳夹是制作索扣的快捷工具，如操作正确，强度可为钢丝绳自身强度的80%。其正确布置方向如图1-74所示，为减小主受力端钢丝绳的夹持损坏，夹座应扣在钢丝绳的工作段上，U型螺栓扣在钢丝绳尾段上，绳夹的间距A等于6～7倍钢丝绳直径。钢丝绳的紧固强度取决于绳径和绳夹匹配，以及一次紧固后的二次调整紧固。绳夹在实际使用中，受载一次后应作检查，离套环最远处的绳夹不得首先单独紧固，离套环最近处的绳夹应尽可能地靠紧套环，但不得损坏外层钢丝。钢丝绳夹所用的数量与绳径相关，按表1-5选取。

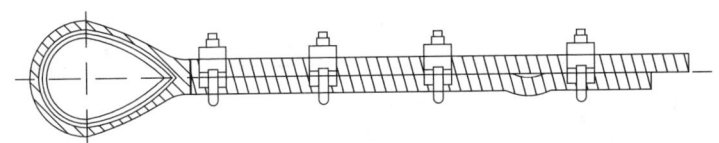

图1-74　钢丝绳夹正确布置方向

钢丝绳夹数量的选用　　　　　　表1-5

绳夹公称尺寸 钢丝绳公称直径（mm）	<7	≥7～16	≥16～20	≥20～26	≥26～40
钢丝绳夹最少数量（组）	3	5	6	7	8

A型钢丝绳夹如图1-75所示，其技术参数见表1-6。

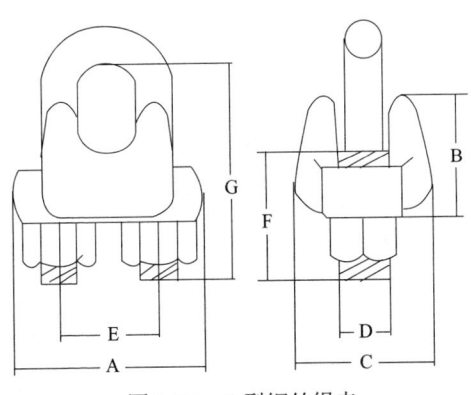

图1-75　A型钢丝绳夹

A 型钢丝绳夹技术参数 表 1-6

型号 (mm)	A (mm)	B (mm)	C (mm)	D (mm)	E (mm)	F (mm)	G (mm)	重量 (kg)
6	22.5	14	17	5	12	14	24	0.025
8	28	17	21	6	15	16	30	0.045
10	38	21	28	8	19	20	37	0.09
12	45	27	34	10	24	25	47	0.18
15	52	32	40	12	29	30	57	0.28
20	62	38	47	14	36	36	71	0.48
22	69	43	52	16	40	39	78	0.62

3．卸扣

卸扣又称卡环，是起重作业中广泛使用的连接工具，它与钢丝绳等索具配合使用，拆装颇为方便。

（1）卸扣的分类

按其外形分为直形和椭圆形，如图 1-76 所示。

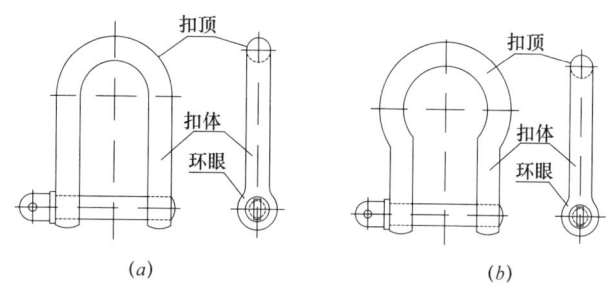

图 1-76　卸扣
（a）直形卸扣；（b）椭圆形卸扣

（2）卸扣使用注意事项

1) 卸扣必须是锻造的，一般是用 20 号钢锻造后经过热处理而制成的，以便消除参与应力和增加其韧性，不能使用铸造和补焊的卸扣。

2) 使用时不得超过规定的荷载，应使销轴与扣顶受力，不能横向受力。横向使用会造成扣体变形。

3）吊装时使用卸扣绑扎，在吊物起吊时应使扣顶在上销轴在下，使绳扣受力后压紧销轴，销轴因受力，在销孔中产生摩擦力，使销轴不易脱出。

4）不得从高处往下抛掷卸扣，以防卸扣落地碰撞而变形和内部产生损伤及裂纹。

（3）卸扣的报废

卸扣出现以下情况之一时，应予以报废：

1）裂纹。
2）磨损达原尺寸的10%。
3）本体变形达原尺寸的10%。
4）销轴变形达原尺寸的5%。
5）螺栓坏扣或滑扣。
6）卸扣不能闭锁。

4. 螺旋扣

螺旋扣又称"花篮螺栓"，如图1-77所示，其主要用在张紧和松弛拉紧拉索、缆风绳等，故又被称为"伸缩节"。其形式有多种，尺寸大小则随负荷轻重而有所不同。

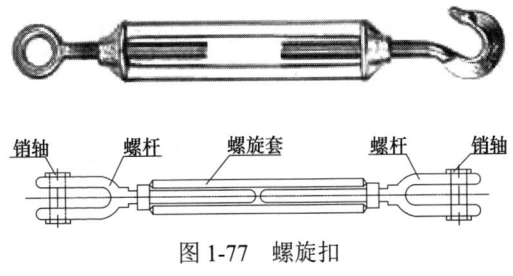

图1-77 螺旋扣

螺旋扣的使用应注意以下事项：
（1）使用时应钩口向下。
（2）防止螺纹轧坏。
（3）严禁超负荷使用。

87

(4)长期不用时,应在螺纹上涂好防锈油脂。

5.滑车和滑车组

滑车和滑车组是起重吊装、搬运作业中较常用的起重工具。滑车一般由吊钩(链环)、滑轮、轴、轴套和夹板等组成,如图1-78所示。

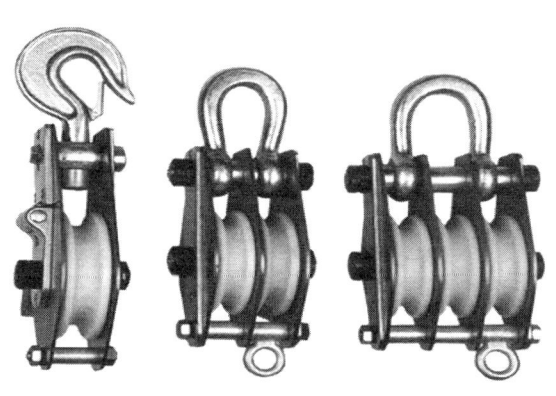

图 1-78　滑车

滑车按滑轮的多少,可分为单门(一个滑轮)、双门(两个滑轮)和多门等几种;按连接形式不同,可分为吊钩型、链环型、吊环型、吊梁型四种;按滑车的夹板形式分,有开口滑车和闭口滑车两种。开口滑车的夹板可以打开,便于装入绳索,一般都是单门。

滑车的允许荷载,可根据滑轮和轴的直径确定。一般滑车上都有标明,使用时应根据其标定的数值选用,同时滑轮直径还应于钢丝绳直径匹配。

6.常用起重工具

(1)千斤顶

千斤顶是一种用较小的力将重物顶高、降低或移位的简单而方便的起重设备,如图1-79所示。

图 1-79　千斤顶

千斤顶分为液压式、螺旋式和齿条式。

液压式体积小，相对承载能力大；螺旋式能够水平放置或倒置使用；齿条式行程较大，但自重相对较重。

（2）手拉葫芦、手扳葫芦

手拉葫芦又称"倒链"，它适用于小型设备和物体的短距离吊装、移动，尤其适用于狭小场地、无电源起重作业场合，如图1-80所示。

手扳葫芦的功能与手拉葫芦相近，手扳葫芦更适用于水平及倾斜牵引、吊装适用，如图1-81所示。

图1-80　手拉葫芦　　　　图1-81　手扳葫芦

使用中应注意以下几点：

1）手拉葫芦、手扳葫芦使用时应按其额定载荷使用，严禁超载。

2）使用前需检查传动部分是否灵活，链子和吊钩及轮轴是否有裂纹，手拉链手否有跑链或掉链等现象。

3）当拉（扳）不动时，应查明原因，不能增加人力猛拉，以免造成事故。

4）挂上重物后，要慢慢拉动链条，当起重链条受力后再检查各部分有无变化，自锁装置是否起作用，经检查确认各部分情况良好后，方可继续工作。

5）起吊重物中途停止时间较长时，要将手拉链拴在起重链上，以防时间过长而自锁失灵。

6）转动部分要经常上油，保证润滑，减少磨损，但勿将润滑油渗进摩擦片内，以防自锁失灵。

2 附着式升降脚手架专业知识

2.1 附着式升降脚手架概述

2.1.1 附着式升降脚手架的概念

附着式升降脚手架是 21 世纪初快速发展起来的新型脚手架技术,对我国施工技术进步具有重要影响。它将高处作业变为低处作业,将悬空作业变为架体内部作业,具有更显著的低碳性,科技性,便捷性,安全性等优点。

附着式升降脚手架是指搭设一定高度并附着于工程结构上,依靠自身的升降设备和装置,可随工程结构逐层爬升或下降,具有防倾覆、防坠落装置的外脚手架。附着式升降脚手架主要由架体结构、附着支承结构、防倾装置、防坠落装置、动力机构及控制装置等构成。

2.1.2 附着式升降脚手架类型和结构形式

1. 按组成架子的形式

(1)单跨式附着升降脚手架,仅有两个提升装置并独自升降的附着式升降脚手架。

(2)整体式附着升降脚手架,有三个及以上提升装置连跨升降的附着式升降脚手架。

2. 按动力形式

(1)电动式,采用电动环链葫芦作为提升动力装置的附着式升降脚手架。

（2）液压式，采用液压动力设备作为提升动力装置的附着式升降脚手架。

3．按架体结构形式

（1）传统附着式升降脚手架，由钢管、扣件搭设而成，立杆放置于水平支承桁架上，纵向水平杆与竖向主框架相连，架体外立面必须设置剪刀撑和密目安全防护网进行封闭。

（2）半钢附着式升降脚手架，由钢管扣件搭设架体构架，外立面采用冲孔钢板网进行封闭。

（3）全钢附着式升降脚手架，架体结构均由定型加工的钢结构配件组装而成，架体外立面由冲孔钢网片防护。

2.2 了解附着式升降脚手架安全专项方案的主要内容

附着式升降脚手架安装前，应根据工程结构、施工环境等特点由施工单位组织工程技术人员编制专项施工方案。实行施工总承包的，专项施工方案应当由施工总承包单位组织编制。附着式升降脚手架实行分包的，专项施工方案可以由专业分包单位组织编制。

专项施工方案应当由施工单位技术负责人审核签字、加盖单位公章，并由总监理工程师审查签字、加盖执业印章后方可实施。

附着式升降脚手架架子工应当了解附着式升降脚手架安全专项方案编制的基本内容，熟悉附着式升降脚手架架体结构情况，熟悉附着式升降脚手架机位平面布置图，掌握施工过程中的重大危险源、预防控制措施以及应急处置办法等。提升高度在150m及以上的附着式升降脚手架工程属于超过一定规模的危大工程范围，应按《危险性较大的分部分项工程安全管理规定》（住房和城乡建设部令第37号）要求组织专家论证。

附着式升降脚手架安全专项方案编制内容应符合以下要求：

（1）工程概况：

1）工程总体概况，分项工程概况，工程结构基本情况，架体附着处建筑物的结构情况，项目周边环境状况等。

2）附着式升降脚手架施工平面布置情况，构筑物对架体立面布置的特殊要求情况。

（2）编制依据：

现行相关法规、行政文件、技术标准、规范及图纸、施工组织设计等。如住房城乡建设部令第37号、《建筑施工工具式脚手架安全技术规范》JGJ 202—2010等。

（3）施工计划：

分项工程施工进度计划、附着式升降脚手架工程配合施工进度计划，架体搭设材料与设备需求量计划及进场流程计划。

（4）附着式升降脚手架施工工艺技术：

1）施工过程中的危险源辨识与分析。

2）工艺参数：附着式升降脚手架架体构架、安装施工工艺，机位布置参数，支承安装形式等。

3）支撑与附着件的预埋形式与要求，框架结构梁、剪力墙、结构柱等结构处架体附着件预埋要求，特殊部位安装要求与支承卸载措施等。

（5）附着式升降脚手架施工安全保证措施：

1）建立安全施工组织保障体系，制定、落实施工人员安全生产培训、教育制度，明确参建各方安全职责。

2）进场搭设、安装、使用、升降、拆除退场的技术措施。

3）季节性施工与恶劣天气施工的安全技术要求，如夏季、冬季、雨季、大风、大雪等环境施工时的安全技术要求等。

4）制定架体搭拆、升降和使用等施工过程中的事故应急救援预案。

5）非标构配件使用部位和特殊部位（如架体穿过塔式起重机附墙撑杆部位、施工电梯贯通区间、架体分片区间、物料平台等）的架体搭设、升降、拆除的安全技术措施和安全管理措施。

6）使用过程中，定期维护保养要求和计划。

（6）施工管理及作业人员配备和分工：

施工管理人员、专职安全生产管理人员、特种作业人员、其他作业人员等。

（7）验收要求：验收标准、验收程序、验收内容、验收人员等。

（8）应急处置措施。

（9）计算书及相关施工图纸：支座附着点结构承载力验算、非标构件承载力验算；机位布置平面图、架体构造立面图、架体关键部位安装方法示意、节点详图，架体特殊部位加强措施示意图、电气或液压控制系统原理图等。

2.3 附着式升降脚手架构造

2.3.1 附着式升降脚手架的组成

附着式升降脚手架由架体结构、附着支承结构、动力机构、安全装置和控制系统等组成。

（1）架体结构

附着式升降脚手架架体主要由竖向主框架、水平支承结构、架体防护结构三部分组成。

1）竖向主框架

竖向主框架是附着式升降脚手架架体结构的主要组成部分，垂直于建筑物立面并与附着支承结构连接，将架体所承受的水平和竖向荷载传递给建筑结构。

竖向主框架可采用整体结构、分段结构或装配式结构，各杆件的轴线应汇交于节点处，采用螺栓或焊接连接。

2）水平支承桁架

水平支承桁架是附着式升降脚手架架体结构的重要组成部分，主要承受架体竖向荷载，并将荷载传递给竖向主框架。

3）架体构架

架体构架，通常采用钢管扣件搭设或定型加工的钢结构件拼装，是位于相邻两榀主框架之间和水平支承桁架之上的架体，是附着式升降脚手架架体结构的主要组成部分，也是施工作业平台及防护构架。

（2）附着支承结构

直接附着在工程结构上，并与竖向主框架相连接，承受并传递脚手架荷载的支承结构。

（3）升降机构

控制架体升降运行的机构，通常可采用电动和液压两种升降形式。两跨及以上的架体同时整体升降时，应采用电动或液压设备，且应采用同一厂家同一型号的产品。

（4）安全装置

安全装置主要包括防倾覆、防坠落和同步升降控制装置，荷载控制系统包含在同步控制系统内。

1）防倾覆装置是指防止架体在升降和使用过程中发生倾覆的装置。

2）防坠落装置是指防止架体在升降和使用过程中发生意外坠落时的制动装置。

3）同步升降控制装置是指在架体升降中控制各升降点的升降速度，使各升降点的荷载或高差在设计范围内的装置，即控制各点相对垂直位移的装置。

4）荷载控制系统是指能够反应、控制升降动力荷载的装置系统。

2.3.2 附着式升降脚手架的构造措施

（1）附着式升降脚手架结构构造的尺寸应符合以下规定：

1）架体结构高度不得大于 5 倍楼层高。

2）架体宽度不得大于 1.2m。

3）直线布置的架体支承跨度不得大于 7m，折线或曲线布置的架体，相邻两主框架支撑点处的架体外侧距离不得大于 5.4m。

4）架体的水平悬挑长度不得大于 2m，且不得大于跨度的 1/2。

5）架体全高与支承跨度的乘积不应大于 110m²。

6）架体悬臂高度不得大于架体高度的 2/5，且不得大于 6.0m。

7）附着升降脚手架架体结构图如 2-1 所示。

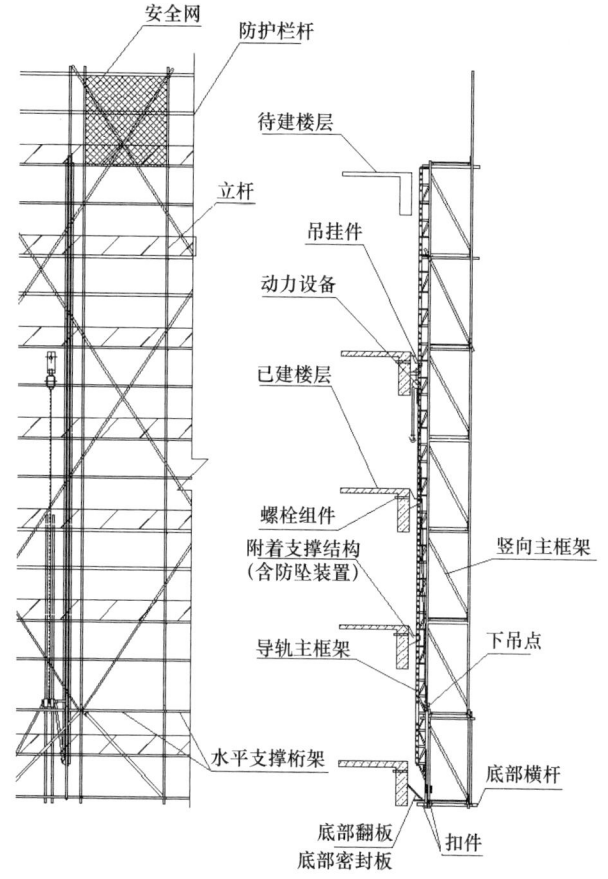

图 2-1　附着升降脚手架架体结构图

（2）附着式升降脚手架应在附着支承结构部位设置与架体高度相等的与墙面垂直的定型的竖向主框架，竖向主框架应采用桁架或刚架结构，其杆件连接的节点应采用焊接或螺栓连接，并应与水平支承桁架和架体构架构成有足够强度和支撑刚度的空间几何不变体系的稳定结构。竖向主框架结构构造应符合下列规定。

1）竖向主框架可采用整体结构或分段对接式结构。结构形式应为竖向桁架或门形刚架形式等。各杆件的轴线应汇交于节点处，并应采用螺栓或焊接连接，如不交汇于一点，必须进行附加弯矩验算。

2）当架体升降采用中心吊时，在悬臂梁行程范围内竖向主框架内侧水平杆去掉部分的断面，必须采取可靠的加固措施。

3）主框架内侧应设有导轨。

（3）在竖向主框架的底部应设置水平支承桁架，其宽度应与主框架相同，平行于墙面，其高度不宜小于1.8m。水平支承桁架结构构造应符合下列规定：

1）桁架各杆件的轴线应相交于节点上，并宜采用节点板构造连接，节点板的厚度不得小于6mm。

2）桁架上下弦应采用整根通长杆件，或设置刚性接头。腹杆上下弦连接应采用焊接或螺栓连接。

3）桁架与主框架连接处的斜腹杆宜设计成拉杆。

4）架体构架的立杆底端必须放置在上弦节点各轴线的交汇处。

5）内外两片水平桁架的上弦和下弦之间应设置水平支撑杆件，各节点应采用焊接或螺栓连接。

6）水平支承桁架的两端与主框架的连接，可采用杆件轴线交汇于一点，且为能活动的铰接点，或将水平支承桥架放在竖向主框架的底端的桁架框中。

（4）附着支承结构应包括附墙支座、悬臂梁及斜拉杆，其构造应符合下列规定：

1）竖向主框架所覆盖的每个楼层处应设置一道附墙支座。

2）在使用工况时，应将竖向主框架固定于附墙支座上。

97

3）在升降工况时，附墙支座上应设有防倾、防坠导向的结构装置。

4）附墙支座应采用锚固螺栓与建筑物连接，受拉螺栓的螺母不得少于两个或应采用弹簧垫圈加单螺母，螺杆露出螺母端部的长度不应少于3扣，并不得小于10mm，垫板尺寸应由设计确定，且不得小于100mm×100mm×10mm。如图2-2所示。

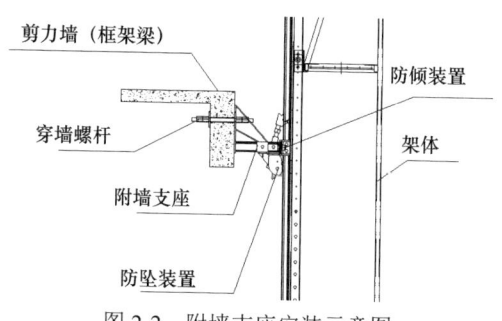

图2-2 附墙支座安装示意图

5）附墙支座支承在建筑物上连接处混凝土的强度应按设计要求确定，且不得小于C10。

（5）架体构架宜采用扣件式钢管脚手架，其结构构造应符合现行行业标准《建筑施工扣件式钢管脚手架安全技术规范》JGJ 130—2011的规定。架体构架应设置在两竖向主框架之间，并应以纵向水平杆与之相连，其立杆应设置在水平支承桁架的节点上。

（6）水平支承桁架最底层应设置脚手板，并应铺满铺牢，与建筑物墙面之间也应设置脚手板全封闭，宜设置可翻转的密封翻板。在脚手板的下面应用安全网兜底。

（7）当水平支承桁架不能连续设置时，局部可采用脚手架杆件进行连接，但其长度不得大于2.0m，且应采取加强措施，确保其强度和刚度不得低于原有的桁架。

（8）物料平台不得与附着式升降脚手架各部位和各结构构件相连，其荷载应直接传递给建筑工程结构。

（9）当架体遇到塔式起重机、施工升降机、物料平台需断开或开洞时，断开处应加设栏杆和封闭，开口处应有可靠的防止人员及物料坠落的措施。

（10）架体外立面应沿全高设置剪刀撑，并应将竖向主框架、水平支承标架和架体连成一体，剪刀撑斜杆水平夹角应为45°～60°，应与所覆盖的架体构架上的每个主节点的立杆或横向水平杆伸出端扣紧；悬挑端应以竖向主框架为中心成对设置对称斜拉杆，其水平夹角应不小于45°。全钢附着式升降架手架，防护网片采用定型空间结构边框的，可代替斜撑。

（11）架体结构在以下部位应采取可靠的加强构造措施：

1）与附墙支座的连接处。

2）架体上提升机构的设置处。

3）架体上防坠、防倾装置的设置处。

4）架体吊拉点设置处。

5）架体平面的转角处。

6）架体因碰到塔式起重机、施工升降机、物料平台等设施而需要断开或开洞处。

7）其他有加强要求的部位。

（12）附着式升降脚手架的安全防护措施应满足以下要求：

1）架体外侧应采用密目式安全立网全封闭，密目式安全立网的网目密度不应低于2000目/100cm²，且应可靠地固定在架体上。

2）作业层外侧应设置1.2m高的防护栏杆和180mm高的挡脚板。

3）作业层应设置固定牢靠的脚手板，其与结构之间的间距应满足现行行业标准《建筑施工扣件式钢管脚手架安全技术规范》JGJ 130—2011的规定。

（13）附着式升降脚手架构配件的制作应符合以下要求：

1）应具有完整的设计图纸、工艺文件、产品标准和产品质量检验规程，制作单位应有完善有效的质量管理体系。

2）制作构配件的原材料和辅料的材质及性能应符合设计要求，并按规定对其进行验证和检验。

3）加工构配件的工装、设备及工具应满足构配件制作精度的要求，并定期进行检查。工装应有设计图纸。

4）构配件应按照工艺要求及检验规程进行检验。对附着支承结构、防倾、防坠落装置等关键部件的加工件应进行100%检验。构配件出厂时，应提供出厂合格证。

（14）附着式升降脚手架应在每个竖向主框架处设置升降设备，升降设备应采用电动或液压形式，单跨升降时可采用手动形式，并应符合以下规定：

1）升降设备应与建筑结构和架体有可靠连接。

2）固定电动升降动力设备的建筑结构必须安全可靠。

3）设置电动液压设备的架体部位，应有加强措施。

2.4 常用附着式升降脚手架的构造和工作原理

2.4.1 吊拉式附着升降脚手架

吊拉式附着升降脚手架是由架体结构、附着支承结构、防倾覆装置、防坠落装置、升降动力设备、电控设备、同步控制装置和防护部分组成。

1. 架体构造形式

吊拉式附着升降脚手架，架体结构是由竖向主框架、水平支承桁架、工作脚手架三部分组成。其中，竖向主框架、水平支承桁架构成主体结构。在主框架内水平支承桁架之上搭设工作脚手架，工作脚手架通常由钢管、扣件搭设而成，立杆放置于水平支承桁架上，纵向水平杆与竖向主框架相连。

2. 升降原理

吊拉式附着升降脚手架的升降原理，如图2-3所示。

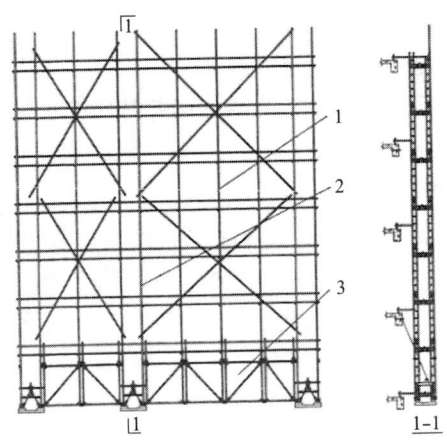

图 2-3 吊拉式附着升降脚手架示意图
1—工作脚手架；2—竖向主框架；3—水平支撑桁架

（1）提升前准备工作

搭设吊拉式附着升降脚手架，安装下斜拉杆，安装每一层附着拉结，吊拉式附着升降脚手架共搭设四个建筑层高再加 1.5m 围护高度，在第二层与第四层的楼层面安装抗倾覆导向轮，每个机位安装一只防坠器和同步控制系统，安装悬挂梁，挂低速电动环链葫芦。提升或下降前将电动葫芦的吊钩与上面的吊环挂牢，调整电动环链葫芦的旋转方向一致，逐个启动低速电动环链葫芦使其链条受力预紧，并通过同步控制系统的荷载设定，使每个吊点在预紧后的荷载达到设定值。

（2）提升（或下降）

翻转底板上的翻板，拆除脚手架与建筑物之间的防护，拆除所有脚手架与建筑物之间的附着拉结，最后拆除脚手架机位处的下部斜拉杆，启动控制开关，同步提升（或下降）脚手架。

（3）提升（或下降）后安全防护

脚手架提升（或下降）一个层高到预定位置后，先安装机位处下部斜拉杆（斜拉杆的花篮螺栓不要调紧），再调整架体垂直度，然后安装每个机位与建筑物之间的附着拉结，最后收紧下部斜拉杆的花篮螺母，并安装架体与建筑物之间的防护。

（4）下次提升（或下降）准备

松开电动葫芦吊钩，拆除悬挂梁并转向上一层安装，为下一次提升（或下降）作准备。

3. 主要特点

（1）最显著的特点是吊点位置与重心位置重合，并设有防倾、防坠装置，升降平稳。底部水平承力桁架受力均匀，变形很小，可避免偏心升降时产生的力偶对导轨引起的变形。

（2）提升的悬挂梁是固定在建筑物上不动的，升降时，建筑物与脚手架有一个相对运动，必须避让悬挂梁，因此在吊拉式附着升降脚手架的第二至第四步机位处的纵向水平杆要断开一定的距离（约600mm），以便悬挂梁与脚手架做相对运动时不相碰。脚手架的第二至第四步在机位处的操作面是不连续的。

2.4.2 导轨式附着升降脚手架

1. 架体构造形式

导轨式附着升降脚手架与吊拉式一样，由架体结构、附着支承结构、防倾覆装置、防坠落装置、升降动力设备、电控设备、同步控制装置、防护部分组成，架体结构同样包含了竖向主框架、底部桁架和工作脚手架（如图2-4所示）。不同的是，导轨式附着升降脚手架的附着形式是将导轨附着在建筑物上，且连续多支承点附着，脚手架的架体、抗倾覆装置均附着在导轨上。工作状态和非工作状态架体除附着在导轨上外，还在架体的底部和架体的中间的内外两侧设置有与建筑物连接的斜拉杆。另外，导轨式附着升降脚手架每个机位处的竖向主框架只有一榀，导轨式附着升降脚手架的电动葫芦安装在架体内侧与建筑结构之间，不会阻碍导轨式附着升降脚手架的升降。

2. 导轨式附着升降脚手架的升降原理

如图2-5所示，为导轨式附着升降脚手架的升降原理示意图。

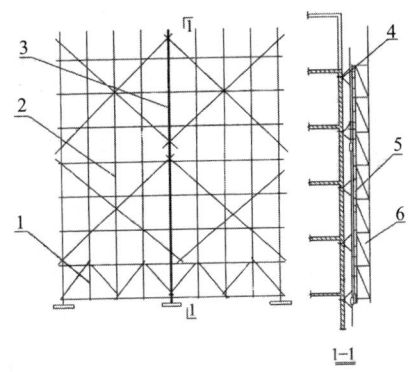

图 2-4 导轨式附着升降脚手架
1—水平支撑桁架；2—架体构架；3—竖向主框架；
4—附墙支座；5—导轨；6—架体

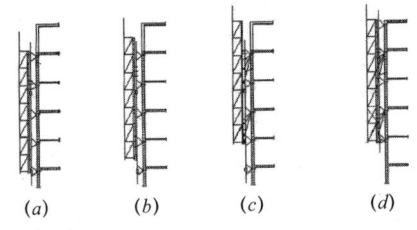

图 2-5 导轨式附着升降脚手架架体升降原理示意图
（a）准备提升（或下降）工况；（b）提升（或下降）工况；
（c）提升（或下降）完成工况；（d）准备下次提升（或下降）工况

（1）准备提升（或下降）

沿建筑物竖向安装导轨，并固定在建筑物上，如图 2-6 所示；安装架体下部内外侧和中间部位内外侧的斜拉杆，在每处附墙支承处安装抗倾覆导轮，如图 2-7 所示；安装防坠器组件，如图 2-8 所示；然后在导轨上部安装提升挂座，其一侧挂电动葫芦，另一侧固定提升钢丝绳，如图 2-9 所示；提升钢丝绳绕过提升滑轮组件同电动葫芦的吊钩连接；安装同步控制系统，提升或下降脚手架前启动电动葫芦收紧环链，使每一台电动葫芦受力预紧，但不能拉动脚手架。

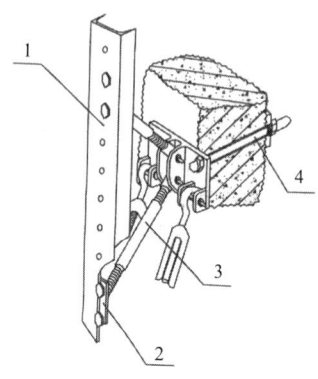
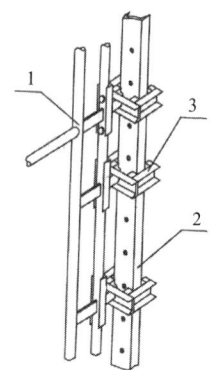

图 2-6　安装导轨
1—导轨；2—拉杆座用销轴；
3—可调拉杆；4—预埋件

图 2-7　安装防倾覆导轮
1—竖向主框架；2—导轨；
3—导轮组

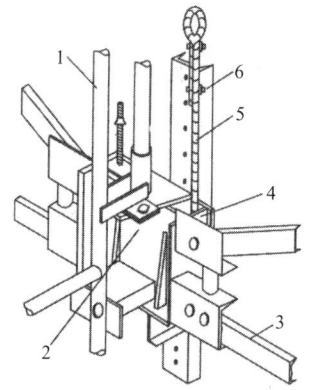
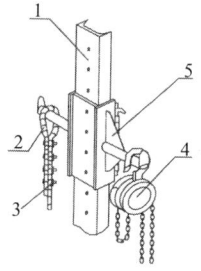

图 2-8　带防坠器滑轮组
1—竖向主框架；2—提升滑轮组件；
3—水平承力桁架；4—防坠落装置；
5—提升钢丝绳；6—导轨

图 2-9　提升挂座
1—导轨；2—提升钢丝绳；3—钢卡；
4—提升葫芦；5—提升挂座

（2）提升（下降）

拆除脚手架下部内外侧的斜拉杆，拆除脚手架中间部位内外侧的斜拉杆，拆除架体与建筑物之间的安全防护，拆除所有脚手架与建筑物之间的所有附着拉结，最后启动电动葫芦，同步提升（或下降）脚手架。

（3）提升（下降）完成

脚手架提升（或下降）到预定位置后，安装脚手架下部内外侧的斜拉杆，安装脚手架中间部位内外侧的斜拉杆，在每层安装架体与建筑物之间的附着拉结，安装架体与导轨的限位锁，如图2-10所示；安装恢复架体与建筑物之间的安全防护。

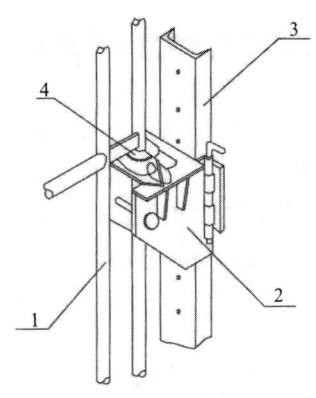

图 2-10 限位锁
1—竖向主框架；2—限位锁；3—导轨；4—限位锁卡

（4）准备下次提升（下降）

松开电动葫芦吊钩，拆除最下一段导轨向上端安装，拆卸导轨上部的提升挂座，将提升挂座向上一层安装，一侧挂电动葫芦，另一侧固定提升钢丝绳，提升钢丝绳绕过提升滑轮组件与电动葫芦的吊钩连接，为下一次提升作准备。

导轨式附着升降脚手架下降时则反向操作。

3．主要特点

（1）电动葫芦安装在导轨的侧面，在升降时与架体不会相互阻碍，机位处的纵向水平杆无需断开，导轨式附着升降脚手架每步的操作面是连续的。

（2）架体的重心位置一般都在横截面的中心向外偏的位置，导轨式附着升降脚手架属于偏心升降，因架体的自重较重，升降时上下抗倾覆装置作用于导轨的力偶较大，会使导轨产生变形。

（3）使用提升滑轮组件，提升倍率为2，提升设备（电动葫芦）的额定荷载可以减小一半，但电动葫芦的环链长度要增加一倍。

2.4.3 导座式附着升降脚手架

1. 架体构造

导座式附着升降脚手架主要由架体结构、附着支承结构、升降动力设备、电控系统、防倾覆装置、防坠落装置、同步荷载装置以及防护部分组成。附墙支承上安装导向防倾轮及调节装置。架体结构是由竖向主框架、水平支承桁架和工作脚手架三部分组成。如图2-11为调节顶撑与主框架附墙支座关系图，展示架体升降后主框架与附着支承结构的固定方式，如图2-12为架体竖向剖面图。

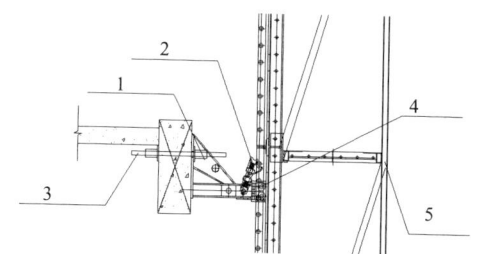

图2-11 调节顶撑与主框架—附墙支座关系
1—附墙支座；2—调节顶撑；3—穿墙螺杆；4—防倾导向轮；5—竖向主框架

2. 升降原理

如图2-13所示，导座式电动附着式升降脚手架的升降程序。

（1）提升准备

导座式电动附着式升降脚手架组装完毕后，提升或下降导座式附着升降脚手架前启动电动葫芦收紧葫芦链条（链条不得翻链、扭曲），使每一只电动葫芦受力预紧，并通过同步控制系统的荷载设定，使每个吊点在预紧后的荷载达到设定值。调整楼层与架体之间的安全防护，使楼层与架体之间有一定距离。拆除所

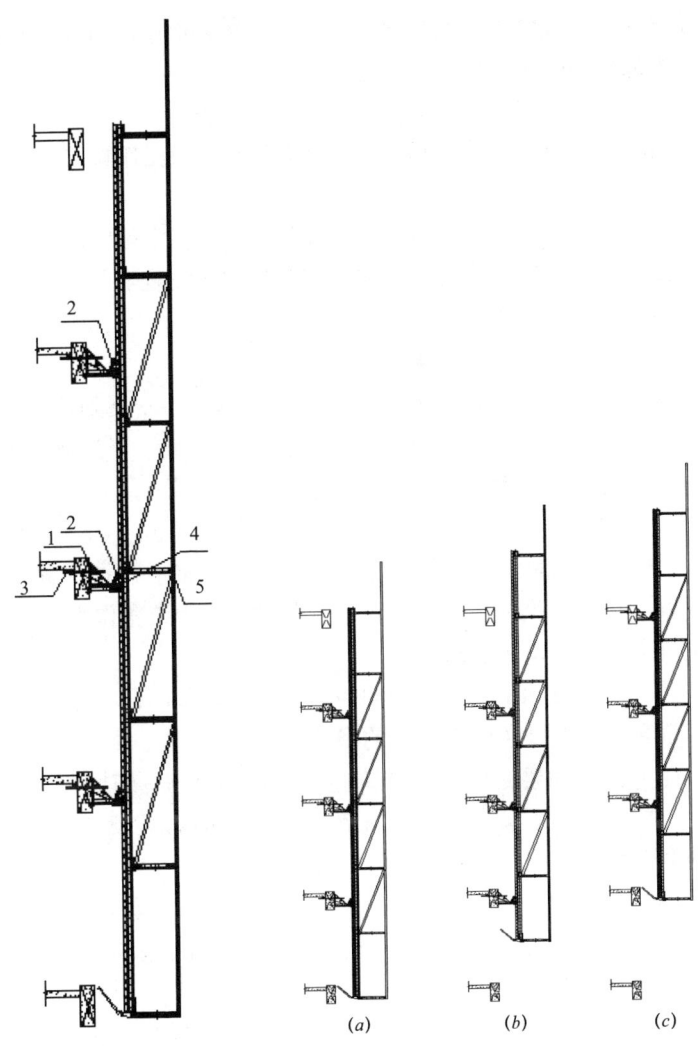

图 2-12 导座式附着升降脚手架竖向剖面图
1—附墙支座;2—防倾导向轮;3—穿墙螺杆;4—导向轮总成;5—主框架

图 2-13 导座式升降脚手架升降原理
(a) 提升准备;(b) 提升过程;(c) 提升完成

有导座式附着升降脚手架与建筑物之间的所有连接，清除所有影响脚手架升降的障碍物。

（2）提升过程

启动所有电动葫芦，脚手架主框架导轨沿导座作直线运动。

（3）提升完毕

导座式附着升降脚手架提升（或下降）到指定位置后，安装调节顶撑。做好楼层与架体之间的安全防护。安装附着式升降脚手架与建筑物之间的每一层附着拉结。

（4）准备下次提升工作

松开电动葫芦吊钩，将底层附墙支承拆除并安装到最上层，调整电动葫芦链条、防坠杆。为下一次提升（或下降）作准备。导座式附着升降脚手架下降则反向操作。

3．主要特点

（1）导座式附着升降脚手架的提升设备在脚手架的内侧升降时属偏心吊，因架体的自重较重，升降时防倾覆装置作用于导轨上的力偶会使其产生变形。

（2）附着支承上安装有导向防倾装置、防坠吊杆、提升吊环及调节顶撑，实现了附着支承的多功能化。

（3）在脚手架提升时，调节顶撑也同时起到防坠功能。

（4）防坠器安装在提升梁内部，可有效防污，以避免因污物造成防坠器失灵。

（5）因水平桁架套装在主框架内部，在脚手架安装时，主框架可相对水平桁架移动，避免了因附墙支承位置的变动而造成的主框架弯曲变形。

（6）环链电动葫芦采用倒挂方式，降低操作工人的劳动强度。

2.4.4 液压式附着升降脚手架

1．液压式附着升降脚手架的构造

附墙支座（附着支承）、导轨（导座）主框架、水平支承桁架和工作脚手架,以及液压系统(液压千斤顶、油泵、油路、阀门等)、防坠装置、防倾装置等组成了完整的液压式附着升降脚手架。如图2-14为液压式附着升降脚手架构造示意图。

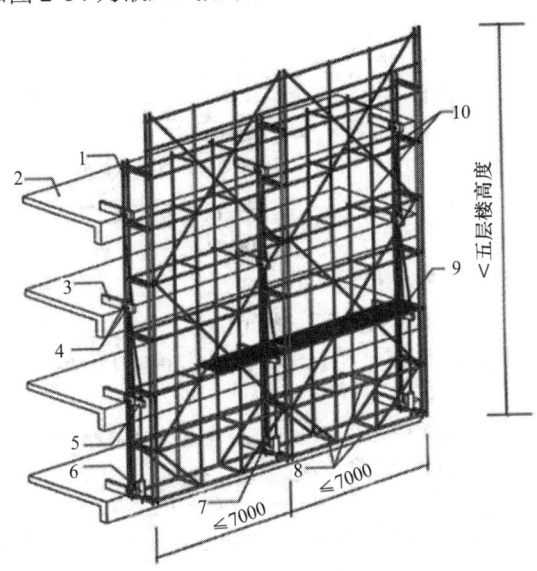

图2-14 液压式附着升降脚手架构造示意图
1—竖向主框架;2—建筑结构混凝土楼面;3—附着支撑结构;
4—导轨及防倾覆装置;5—悬臂(吊)梁;6—液压升降装置;7—防坠落装置;
8—水平支撑结构;9—工作脚手架;10—架体构架

2. 升降原理

电动机带动齿轮泵旋转,液压油由油箱经滤油器、溢流阀、手动换向阀、胶管针阀、油管(钢管或胶管)至穿心式千斤顶双向作用油缸形成回路。千斤顶固定在主框架下部,爬杆固定在提升附墙支座上,提升(下降)时,千斤顶沿爬杆动作,带动架体上升(下降)。

调整溢流阀,设定高压油路油压为10MPa,低压油路油压为5MPa。

3. 主要特点

(1)采用液压系统控制,升降平稳。

（2）具有防超载功能、同步控制功能和防坠落功能，安全性能好。

（3）相对于电动式附着式升降脚手架，制作成本高。

2.5 附着式升降脚手架的提升设备及动力控制系统

2.5.1 附着式升降脚手架的提升设备

附着式升降脚手架升降机构的动力装置有手动葫芦、电动葫芦、卷扬机、液压动力设备等。目前，主要采用液压和电动葫芦作为附着式升降脚手架的动力设备。下面分别介绍液压动力装置和电动葫芦动力装置。

1. 电动环链葫芦

电动附着式升降脚手架的升降动力装置一般采用低速环链葫芦，低速环链葫芦由行星减速机构加上一般的减速机构组成，其传动比很大，提升速度为 8～12cm/min。

电动机转动，通过行星减速器的减速，输出转速和动力，带动葫芦上的长轴旋转，使葫芦进行工作。切断电源时，葫芦停止工作，重物即停在相应的位置上。电动葫芦安装形式有正装式电动葫芦如图2-15所示，倒装式电动葫芦如图2-16所示。

倒装式电葫芦由三相盘式制动电机、行星减速器、环链、循环钩吊钩、吊挂连接座、上挂钩、压缩弹簧等总成组成，如图2-17所示。吊挂连接座是链条的起止点，形成回路，链条往下经过电动葫芦正反转工作箱后往上穿入上挂钩总成，上链条板件有两个滑动轴位，与挂座固定器的轴位之间形成一个回路，最后链条在挂座固定器上端收止。

电动附着式升降脚手架常采用的DHP型电动葫芦的主要参数见表2-1。

图 2-15　正挂电动葫芦　　　图 2-16　倒挂电动葫芦

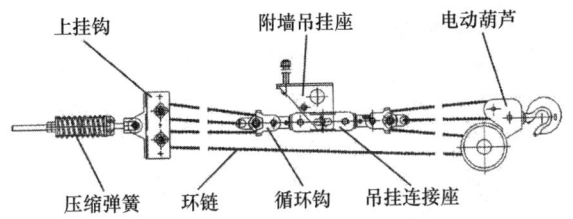

图 2-17　倒挂式电动葫芦组装示意图

DHP 型电动葫芦的主要参数　　　表 2-1

型号	DHP5T	DHP7.5T	DHP10T	DHP16T	DHP20T	DHP30T
额定载荷（t）	5	7.5	10	16	20	30
试验载荷（t）	7.5	9	12.5	20	25	40
电机功率（kW）	0.5	0.5	0.5	0.5	0.75	0.75
电源电压	380V/50Hz					
提升速度（m/min）	0.18	0.12	0.09	0.06	0.09	0.06

续表

型号	DHP5T	DHP7.5T	DHP10T	DHP16T	DHP20T	DHP30T
两钩间最小距离	600	700	780	920	1100	1400
起重链条行数	2	3	4	6	8	12
标准提升高度（m）	3～9					
起重链圆钢直径（mm）	10	10	10	10	10	10
电机转速（r/min）	1380	1380	1380	1380	1380	1380
净重(6m)（kg）	63	84	120	170	260	300
装箱毛重(6m)（kg）	70	92	130	185	270	400
装箱尺寸（mm）	660×400×400	500×420×390	610×480×480	620×500×480	700×600×440	900×800×480

注：起重高度每增加 1m，5T 增加 4.5kg，7.5T 增加 6.8kg，10T 增加 9kg，16T 增加 13.5kg，20T 增加 17.6kg，30T 增加 25.2kg。

电动葫芦的使用应当注意以下安全事项：

（1）必须严格按照说明书有关规定，以确保使用正确，运行安全。

（2）外接电源必须符合说明书要求。

（3）每次使用时必须确认机件完好无损，传动部分及起重链条润滑良好，制动灵敏可靠，平时应定期检查各零部件是否正常，有无松动、裂纹、漏油等现象。

（4）开机前，必须理顺起重链条，严禁在扭转、打结的情况下使用。

（5）试运行检查传动是否平稳，链轮与起重链条是否正确咬合。

（6）起吊重物前应检查上下吊钩是否勾牢，严禁重物吊在吊钩尖端等情况下操作。

（7）起吊时严禁人员在重物下做任何工作或行走。

（8）严禁超载使用。

（9）运行时注意随时观察，出现异常立即停机，查明原因，排除故障后方可继续使用。

（10）不可随意拆卸设备，如需更换零件或正常维修，必须由专业人员负责或指导下进行。

（11）经检修后的设备必须进行空载和荷载试验确认运行正常，方可投入使用。

（12）必须注意维护和保养，在运输、转移使用场所及使用过程中，严禁敲打、碰撞。使用完毕应将设备上的泥垢擦净，存放在干燥地点，防止受潮，生锈和腐蚀。

（13）应当按照说明书要求更换润滑油。

2．液压升降装置

液压式附着升降脚手架的液压升降动力装置通常采用穿心式千斤顶，液压升降动力装置主要由液压控制台、主油管、分油管、支油管、分油器、针形阀、千斤顶、各种规格的接头、堵头、爬杆等组成。穿心千斤顶固定在主框架下部，爬杆固定在附墙支座上，提升（下降）时，穿心千斤顶沿爬杆动作，带动架体上升（下降）。如图2-18所示。

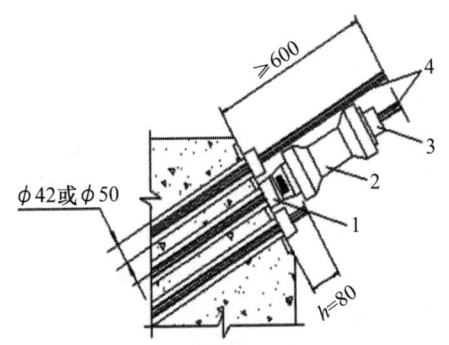

图2-18 YC-60穿心式千斤顶结构示意图
1—工作锚；2—YC-60型千斤顶；3—工具锚；4—预应力筋束

（1）穿心式千斤顶的工作原理：
1）上升原理：下锁紧机构锁紧→上锁紧机构松开→副缸支承油缸进油，将副缸及主活塞顶至上部位→上锁紧机构锁紧→下锁紧机构松开→主油缸进油，将千斤顶筒体向上提升一个行程。
2）下降原理：下锁紧机构锁紧→上锁紧机构松开→主油缸进油，将主活塞及副缸顶至下部→上锁紧机构锁紧→下锁紧机构松开→主油缸回油，千斤顶筒体在重力作用下向下下降一个行程。
（2）主要特点：
1）采用液压系统控制，升降平稳；
2）具有防超载功能、同步控制功能和防坠落功能，安全性能好；
3）相对于电动葫芦，制作成本高。

2.5.2 附着式升降脚手架的动力控制系统

（1）电动附着式升降脚手架的动力控制系统：
电动附着式升降脚手架通常采用若干低速环链电动葫芦作为升降动力群吊升降，每一提升单元，电动葫芦的数量在25只左右，其工作环境是完全暴露在室外，工作条件比较恶劣，因此在对低速环链葫芦的控制方法上要比其他电气控制严格，电气控制的基本要求必须满足：低速环链葫芦既能单独控制又能群控，为保证升降时方向一致要有相序控制；由于电动葫芦长期在室外工作，受日晒雨淋，因此要有防漏电、过载、欠载、缺相和短路保护装置；操作控制台应有电压、电流变化的仪表；要有与升降时的同步控制联动，能与防坠装置联动。如图2-19所示，为动力控制系统电气原理图。

（2）液压附着式升降脚手架的动力控制系统应采用液压穿心式千斤顶作为升降动力时，必须由液压泵供油，通过液压控制柜供给各液压穿心式千斤顶液压油，使其正常工作，带动附着式升降脚手架升降。液压式升降脚手架一般只有一台液压泵电动机，电气控制线路比较简单，具有欠压、漏电、过载、缺相保护功能，安全性能较高。

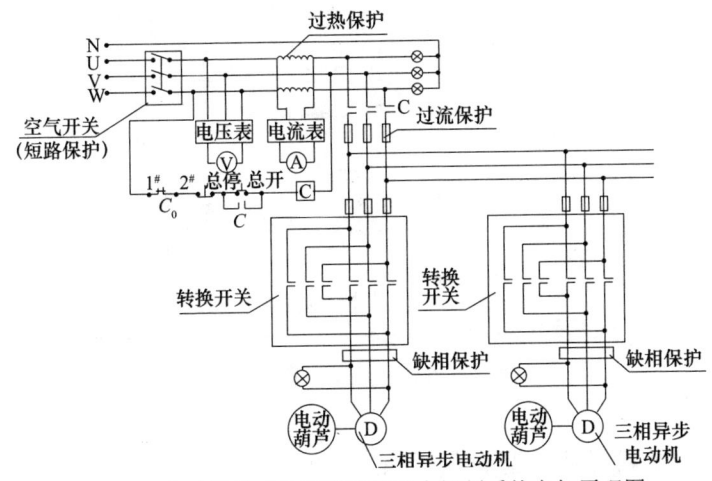

图 2-19 电动附着式升降脚手架动力控制系统电气原理图

2.6 附着式升降脚手架同步控制系统

2.6.1 荷载增量监控系统

增量监控系统的组成由拉力传感器、控制模块、控制器（计算机）等组成。荷载增量监控系统的拉力传感器安装在低速环链葫芦吊钩的下方，每只低速环链葫芦吊钩处安装一只拉力传感器和控制模块，传感器安装在吊点的电动葫芦上，用于检测荷载引起的电压信号大小变化；控制模块则将传感器测到的电压信号转换成数字信号，当超载或失载时由计算机判别处理，实现自动控制，监控系统如图 2-20 所示。

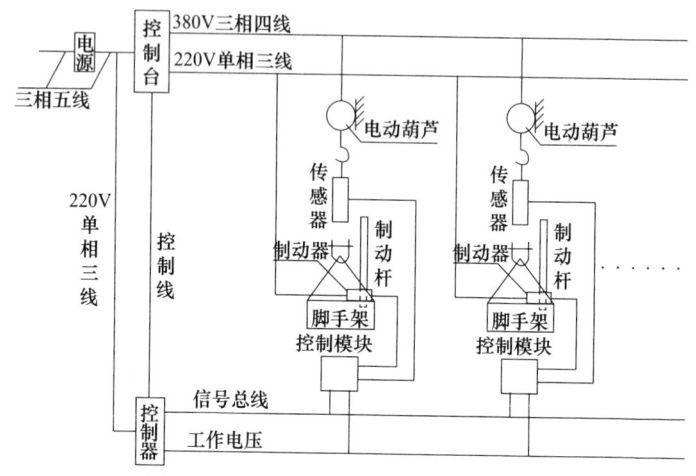

图 2-20 附着式升降脚手架增量监控系统

2.6.2 机械式荷载预警系统

机械式荷载预警系统主要由机械式荷载传感器、中继站、中央自动检测显示仪组成，其接线原理图。由中央检测显示仪沿顺、逆时针方向各分布一根九芯电缆线，串联连接各中继站，在每个中继站上并联连接四只机械式荷载传感器。中央检测显示仪通过一根控制线与总电气操作柜连接，在机位荷载超值时切断附着式升降脚手架的总动力电源。如图 2-21 所示。

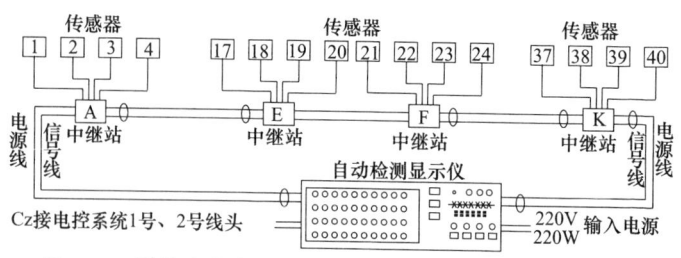

图 2-21 附着式升降脚手架机械式荷载预警系统接线原理图

2.7 附着式升降脚手架的防坠装置

防坠落装置必须符合下列规定：

（1）防坠落装置应设置在主框架处并附着在建筑结构上，每一个升降点不得少于一个防坠落装置，防坠落装置在使用和升降工况下都必须起作用。

（2）防坠落装置必须采用机械式的全自动装置，严禁使用每次升降都需要重组的手动装置。

（3）防坠落装置技术性能除应满足承载能力要求外，还应符合表 2-2 的规定。

防坠落装置技术性能　　　表 2-2

脚手架类别	制动距离 /mm
整体升降脚手架	≤ 80
单片升降脚手架	≤ 150

（4）防坠落装置应采取防尘、防污染的措施，并应灵敏可靠和转动自如。

（5）防坠落装置与升降设备必须分别独立固定在建筑结构上。

（6）钢吊杆式防坠落装置，钢吊杆规格应由计算确定，但不应小于 $\phi 25mm$。

2.7.1 摆针式防坠器

1. 摆针式防坠器的工作原理

横梁组合在附着式升降脚手架架体的主框架的垂直轴线位置，摆针组合在摆针座的壳体内，并固定在主框架同一垂直轴线的建筑结构上，摆针与脚手架作相对运动。当发生坠落时，因下落速度很快，且横梁之间的距离是一个设计定值，摆针还没有恢复到初始位置前，摆针上部的长齿挡住了上面一根横梁，因在摆针的转动极限位置设有阻止摆针进一步转动的挡块，所以阻止了架体向下坠落,起到了防止坠落的作用,如图2-22所示。

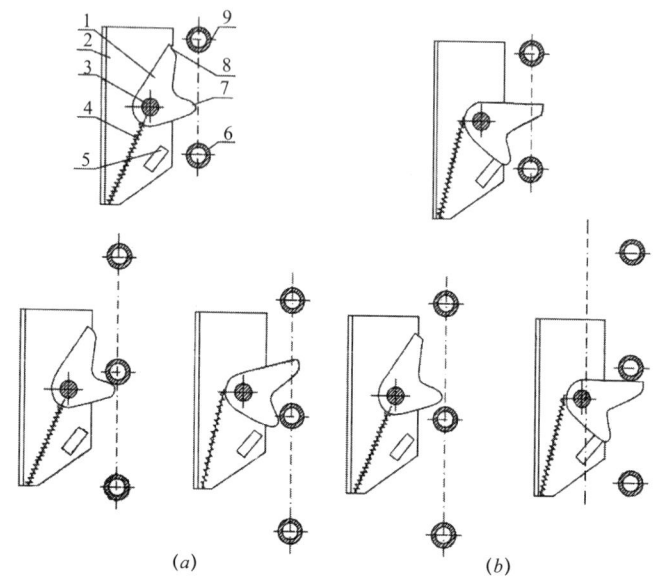

图 2-22 摆针式防坠器工作原理
(a)正常升降,匀速运动;(b)快速坠落,下齿阻挡
1—摆针;2—支座;3—转轴;4—弹簧;5—挡块;
6—横梁;7—下齿;8—上齿;9—横梁

2. 摆针式防坠器的特点

(1)滑移量大,因摆针要有一个转动的半径且要有阻止坠落长度,需要有一定长度的尺寸,再加上摆针转动与升降速度一致,使短横梁之间的距离要略大于摆针的转动半径,实际上当升降脚手架发生坠落时其滑移量是一个短横梁之间的距离。

(2)冲击力大。因坠落时滑移量大,对短横梁的强度要求也高。

2.7.2 棘轮式防坠器

(1)棘轮式防坠器工作原理(图2-23)

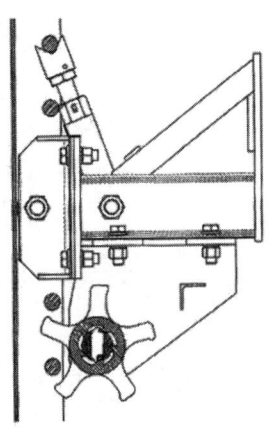

图 2-23　棘轮式防坠器工作原理

棘轮式防坠器，运用销齿传动相关原理，将导座上的防坠棘轮设计成类齿轮状结构，将导轨上的格栅式防坠杆设计成类似齿条的楔型结构，通过防坠棘轮和防坠杆的有机啮合传动，架体可缓慢上升或下降。当防坠棘轮停止转动时，则导轨也就不能上下运动。

导座上的棘轮式防坠器包括防坠棘轮、棘轮轴、轮轴座、滑键。当发生坠落时，导轨上的防坠杆带动防坠棘轮反向转动，且转动速度突然加快，滑键的上下往复运动被破坏，滑键上端顶入防坠棘轮键槽内，防坠棘轮即刻自锁制动，防坠棘轮上的外齿卡住导轨上与其啮合传动的防坠杆，防止架体继续坠落，从而起到防止架体坠落的作用。

（2）棘轮式防坠器的特点

依据机械运动理论设计，结构合理，易生产，安装拆卸方便，省工、省时、省料、安全、高效、使用效果好。

2.7.3　斜面滚轮式防坠器

（1）斜面滚轮式防坠器工作原理（图 2-24）

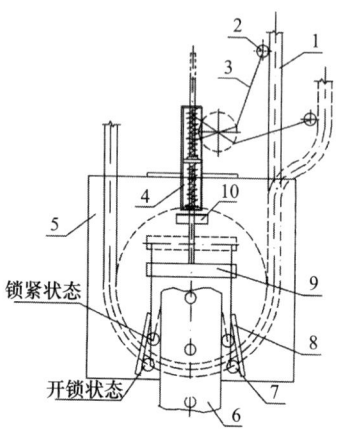

图 2-24 导轨式斜面滚轮式防坠器工作原理
1—提升钢丝绳;2—钢丝绳导轨;3—拨杆;4—拨框;5—箱体;
6—导轨;7—制动轴;8—制动框;9—提升架;10—导向座

该防坠系统是通过提升钢丝绳获取信号,通过斜面自锁的原理,将提升滑轮组锁定在固定的导轨上,起到防坠作用。无论是提升吊点、电动葫芦出现问题,还是钢丝绳断裂,都是钢丝绳变软不能再给拨杆提供支承力,弹簧将拨框向上顶,拨框带动提升架向上移动,制动轴上移塞在导轨和制动框之间,当箱体进一步坠落时,其同导轨相对运动,制动轴和制动框之间越挤越紧,通过斜面自锁原理将提升滑轮组制动在导轨上,起到防坠作用。

(2)斜面滚轮式防坠器特点

1)把抗倾覆导轨与制动杆合二为一,结构紧凑,制动效果好。

2)该防坠器制动部分为槽钢,是固定在建筑物的墙面上的,兼作抗倾覆的导轨和制动滚轮的制动面,当槽钢的制动面发生变形时制动效果变差,制动时的滑移量变大。

2.7.4 楔钳制动式防坠器

(1)楔钳制动式防坠器工作原理

楔钳制动式防坠器与焊接在机位处托架上的槽钢连接固定

防坠杆穿过楔钳作升降过程的制动准备。当电动葫芦的环链发生断链时,防坠器上的杠杆与电动葫芦吊钩相连的细钢丝绳松动无制约,此时弹簧座内被压缩的弹簧向上推动下推环,下推环向上推动楔钳,由于楔钳与锁体相接触部分为上小下大的锥体,楔体上移时将防坠落制动杆紧紧地锁住,起到了防止坠落的作用,如图 2-25 所示。

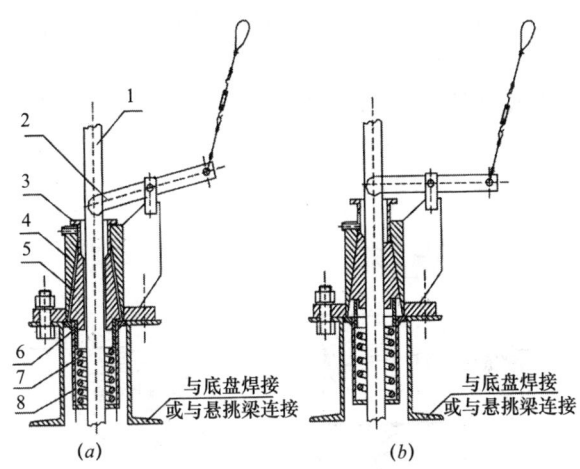

图 2-25 楔钳制动式防坠落安全锁
（a）正常升降状态；（b）防坠落锁紧状态
1—防坠落杆；2—杠杆；3—上推环；4—锁体；
5—楔钳；6—下推环；7—弹簧；8—罩壳

（2）楔钳制动式防坠器的特点

1）楔钳制动式防坠器主要靠锁体与楔体的圆锥形结构在弹簧的压力作用下产生摩擦力作用而锁牢防坠杆的,楔钳与防坠杆的接触面加工成倒齿形状,如果锥形面加工误差大时会产生锁不住的情况,对锥体的加工要求比较高,加工成本也就高。

2）楔钳制动式防坠器的楔钳与防坠杆制动状态的接触面比凸轮式要大,制动时楔钳对防坠杆产生咬合状态的摩擦力比凸轮式防坠器要小,易产生滑移,制动时滑移量较大。

2.7.5 凸轮式防坠器

（1）凸轮式防坠器工作原理

主要构件：吊环、固定齿块、活动齿块（凸轮）、杠杆、连杆、弹簧机构、微动开关等组成。凸轮式防坠器安装在附着式升降脚手架的机位处，防坠制动杆穿过防坠器与防坠悬挂梁连接且固定在建筑物上，电动葫芦吊紧防坠器上的吊环时，连杆放松活动齿块，调节弹簧螺丝，使活动齿块与制动杆的间隙为2～3mm左右，如图2-26所示。

正常无坠落情况下凸轮与制动杆不发生作用，如图2-27所示。

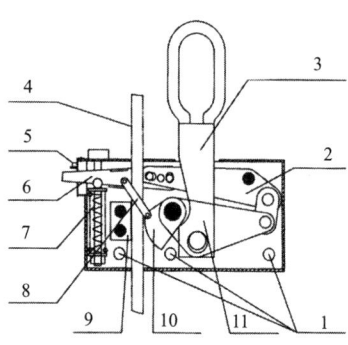
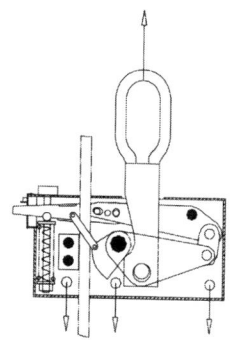

图2-26 凸轮式防坠器工作原理
1—连接孔与底盘连接；2—杠杆Ⅱ；
3—杠杆（与电动葫芦挂钩连接）；
4—防坠杆（与防坠悬梁连接）；
5—微动开关；6—杠杆Ⅲ；7—弹簧；
8—连杆；9—固定齿块；10—活动齿块（凸轮）；11—杠杆Ⅰ

图2-27 凸轮式防坠器
正常升降状态
工作原理图

当发生坠落时（如葫芦链条断），拉杆受力为零，箱体受脚手架向下的重力，使得吊环松弛，与活动齿块分开，活动齿块在杠杆的向上拉力下，向上运动，与固定齿块一起在摩擦力作用下锁定防坠杆，制止坠落；弹簧失去压力向上弹起，带动杠杆Ⅲ及连杆向上运动，微动开关闭合发出警报，如图2-28（a）所示。

在发生相邻机位上升过慢,中间机位过载时,致使拉杆的受力与箱体受向下的拉力同时加大,使得拉杆被强行与活动齿块分开,杠杆Ⅰ在拉杆向上的力的作用下向上运动,带动杠杆Ⅱ右边上升,使得杠杆Ⅲ向上运动;杠杆Ⅲ带动连杆上升,拉动活动齿块上升,与固定齿块锁定防坠杆,制止运动,同时弹簧向上弹起,微动开关闭合,发出警报,如图2-28(b)所示。

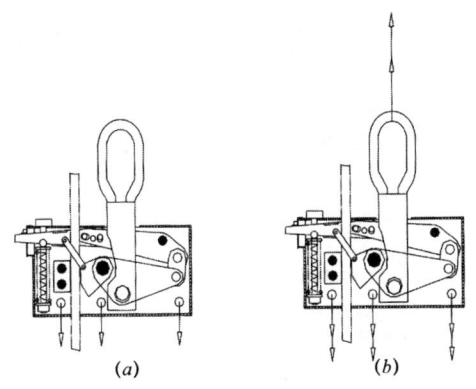

图2-28 凸轮式防坠器失载及过载状态工作原理图
(a)失载状态工作原理; (b)过载状态工作原理

(2)凸轮式防坠器的特点

1)凸轮式防坠器的制动触发部分一般是与电动葫芦的吊钩相连接,只有当电动葫芦的环链发生断开时,制动触发部分使凸轮作出制动的动作,也就是当脚手架架体发生坠落时防坠器才动作。

2)凸轮式防坠器是附着式升降脚手架发生坠落时安全防护系统中的最后一道防线,是早期使用的防坠器。

3)除失载的瞬间制动防坠、限载报警作用外,还能手动防滑,一般安全钳只有在架体突然失载时才起作用,而对葫芦制动失灵,却尚未完全失载仅缓慢打滑时却不起作用,本装置针对实际中曾发生的葫芦打滑现象,专门设置了手制动手板,可有效阻止架体滑移。

2.7.6 穿心拉杆式防坠器

（1）穿心拉杆式防坠器工作原理（图 2-29）

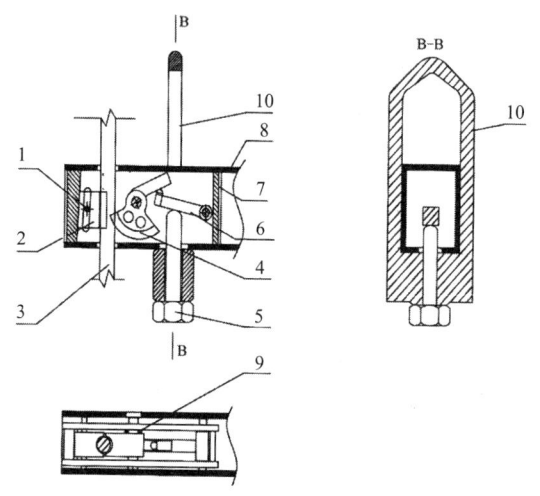

图 2-29 穿心拉杆式防坠器工作原理
1—导向螺钉；2—锲块；3—防坠杆；4—活动锁块；5—调整螺钉；
6—杠杆；7—防坠器外壳；8—主框架提升梁；9—扭力弹簧；10—下吊环

穿心拉杆式防坠器安装在竖向主框架最底节提升梁内。当电动葫芦失载时，下吊环坠落，扭力弹簧带动活动锁块顺时针旋转，将防坠杆压紧在楔块上，楔块上部齿牙切入防坠杆基体内，从而加大楔块与防坠杆之间摩擦力。随着架体相对于防坠杆的向下运动，楔块上的齿牙继续向防坠杆内部切入。活动锁块与防坠杆之间的摩擦力不断增大，不断将防坠杆压向楔块，从而不断增加架体与防坠杆之间的摩擦力及切削力。直至架体下坠停止。

（2）穿心拉杆式防坠器的特点

1）穿心拉杆式防坠器主要靠活动锁块、楔块在扭力弹簧的压力作用下压紧在防坠杆上，产生摩擦力作用而锁牢防坠落杆，楔块与防坠杆的接触面加工成倒齿形状，如果锥形面加工误差大时会产生锁不住的情况，对锥体的加工要求比较高。

2）结构简单，容易安装，安装在竖向主框架最底节提升梁内，封闭较好，不易被污损。

2.8 附着式升降脚手架的防倾覆装置

2.8.1 防倾覆装置的作用

附着式升降脚手架重心位置较高，而附着式升降脚手架升降时的吊点位置在机位底部上方，吊点位置在重心下面，使附着式升降脚手架架体极易向外或向内倾斜，而导致倾覆事故，所以附着式升降脚手架在升降时必须配备防倾覆装置。

2.8.2 防倾覆装置的设置要求

（1）防倾覆装置中应包括导轨和两个以上与导轨连接的可滑动的导向件，在防倾导向件的范围内应设置防倾覆导轨，且应与竖向主框架可靠连接；

（2）在升降和使用两种工况下，最上和最下两个导向件之间的最小间距不得小于2.8m或架体高度的1/4；

（3）应具有防止竖向主框架倾斜的功能；

（4）应采用螺栓与附墙支座连接，其装置与导轨之间的间隙应小于5mm。

2.8.3 防倾覆装置的结构形式

防倾覆装置可以防止附着式升降脚手架内外倾翻，使用时在每个附墙支座设置一组防倾装置，每个机位共设置有三套附墙支座。导向架上的导轮与导轨形成直线运动，在升降过程中，约束架体沿导轮滑移，从而起到限位和防倾翻作用。

常用的防倾覆装置的结构形式有以下3种。

（1）如图2-30所示，为工字钢导轨的防倾装置，与附着式升降脚手架的主框架分体组合安装，在施工不同层高时可以灵活调节。

（2）如图 2-31 所示，钢管导轨与主框架组合成一体，施工层高不同时无需调节。

（3）如图 2-32 所示，槽钢导轨在两个 6.3# 槽钢背靠背中间焊接支撑杆，施工层高不同时无需调节。

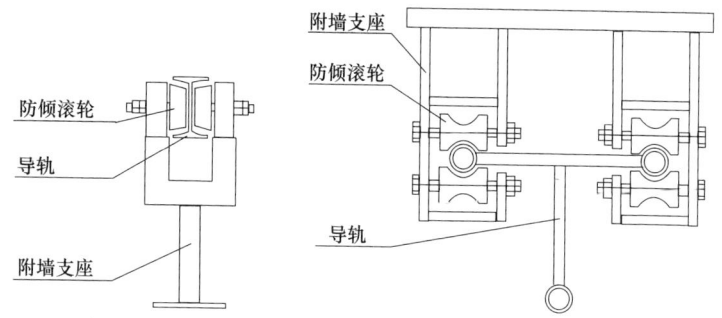

图 2-30　工字钢导轨式防倾覆装置　　图 2-31　钢管导轨式防倾覆装置

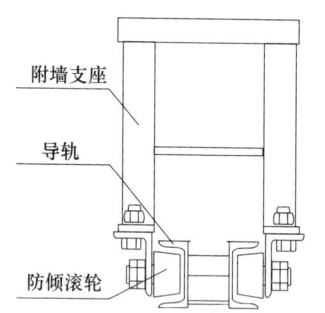

图 2-32　槽钢焊接导轨式防倾覆装置

3 附着式升降脚手架的安拆和升降

3.1 安装前的准备工作

3.1.1 基本要求

（1）从事附着式升降脚手架安装、升降和拆卸活动的单位，应当依法取得建设主管部门颁发的模板脚手架专业承包资质和建筑施工企业安全生产许可证，并在其资质许可范围内承揽附着式升降脚手架施工工程。工程总承包单位必须将附着式升降脚手架专业工程发包给具有相应资质的专业公司。

（2）从事附着式升降脚手架安装、升降和拆卸的操作人员应当年满18周岁，具备初中以上的文化程度，经过专门培训，取得《建筑施工特种作业人员操作资格证书》。

（3）附着式升降脚手架产品应当具有检测报告。

（4）附着式升降脚手架安装单位和使用单位应当签订安装拆卸合同，明确双方的安全生产责任，实行施工总承包的，施工总承包单位应当与安装单位签订附着式升降脚手架安装工程安全管理协议。

3.1.2 施工方案编制和审批

附着式升降脚手架属于危险性较大分部分项工程。专项施工方案必须按住房和城乡建设部《危险性较大的分部分项工程安全管理规定》（住建部令第37号）的规定进行编制、审核，方能实施。

3.1.3 安全技术交底

（1）交底程序

专项施工方案实施前，编制人员或者项目技术负责人应当向施工现场管理人员进行方案交底。施工现场管理人员应当向作业人员进行安全技术交底，并由双方和项目专职安全生产管理人员共同签字确认。

（2）交底内容

交底应重点明确每个作业人员所承担的拆装任务和职责，以及与其他人员配合的要求，特别强调有关安全注意事项及安全措施使作业人员了解拆装、升降作业的全过程、进度安排及具体要求，增强安全意识，严格按照安全措施的要求进行工作。

3.2 附着式升降脚手架的安装

3.2.1 辅助安装平台搭设、加固的质量要求

1. 辅助安装平台

（1）落地式辅助安装平台：辅助平台直接置于地面上或混凝土楼、地面上的落地式双排脚手架。架体立杆置于回填土上时必须夯填密实硬化，底部垫通长的脚手板并做好排水措施，以防雨水浸泡基础。

（2）悬挑式辅助安装平台：当无条件直接在楼、地面搭设找平架时，采用悬挑架的方法。悬挑架的斜撑杆必须在每根立杆处设置，将荷载卸至主体结构上，并将安装平台做可靠的水平拉结。

2. 辅助安装平台架的质量要求

（1）辅助安装平台的强度：要求承受集中荷载 6kN 时，主节点处扣件不下滑或破坏，架体下沉量小于 10mm。

（2）辅助安装平台的稳定性：安装平台标高任意位置应能承受 1kN 水平推力下而不产生 10mm 的变形。安装平台应每隔 3m

与结构间进行一次刚性拉接，高度在水平支承桁架标高下返 1m 以内为宜。

（3）辅助安装平台的构造要求：

1）立杆要求：架体搭设时内排离墙距离及平台宽度结合实际施工方案来，外侧搭设单排防护，单排防护高度 1.5m。在防护架宽度不足的情况下，外侧搭设挑架。在每个小横杆下面有两根立杆，每根立杆一个防滑扣件，挂设密目安全网。

2）纵向水平杆的构造要求：纵向水平杆不得影响定位扣件的安装。如有影响，可将纵向水平杆置于立杆的外侧或内侧进行调整。转角处两个方向的纵向水平杆必须排同一标高位置。

3）水平度要求：辅助安装平台的内外高差不大于 5mm，周圈闭合差不大于 20mm，同一直线段 1m 范围内严禁出现大于 10mm 的急剧高差变化。

3.2.2 架体的组装

1. 钢管式附着升降脚手架的组装

随着主体工程的施工进度，逐跨组装立杆、大、小横杆、铺脚手板，挂安全网，先搭设二至三步架体供主体施工防护使用。架体搭设随着主体的上升而逐步向上搭设，始终保证超过操作层一步架。

组装顺序：搭设辅助安装平台→拼装水平桁架→吊装主框架下节→搭设脚手架→接长主框架标准节→安装附墙支座→搭设脚手架→铺脚手板、安全网封闭→检查验收投入使用。

（1）安装底部水平桁架和竖向主框架

先拼装底部水平桁架，安装必须严格控制水平度、垂直度；将两榀主框架下节之间安装水平桁架，调整合格后，再将所有连接螺栓拧紧。如图 3-1 所示。

（2）主框架下节的就位

按附着式升降脚手架平面设计图用塔式起重机将连接好的主框架下节与水平桁架摆放就位，并按立面尺寸控制离墙距离，主框架轨道中心应与预留孔中心成直线。

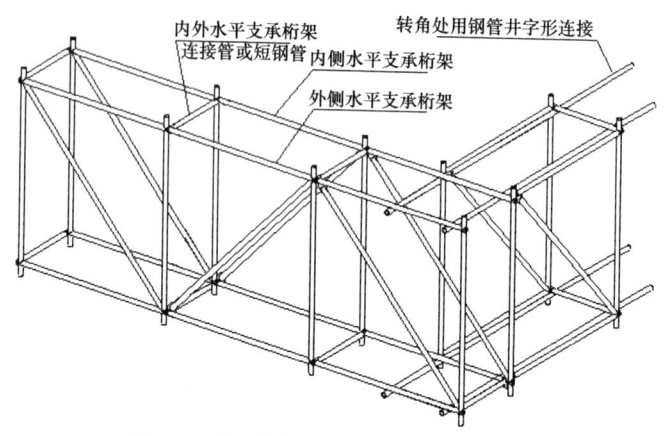

图 3-1 水平桁架与主框架的安装示意图

（3）主框架标准节的连接

用塔式起重机将主框架标准节吊起，和主框架下节接点对正、装入螺栓、调整垂直度、拧紧螺栓；以后随施工进度逐步安装。如图 3-2 所示。

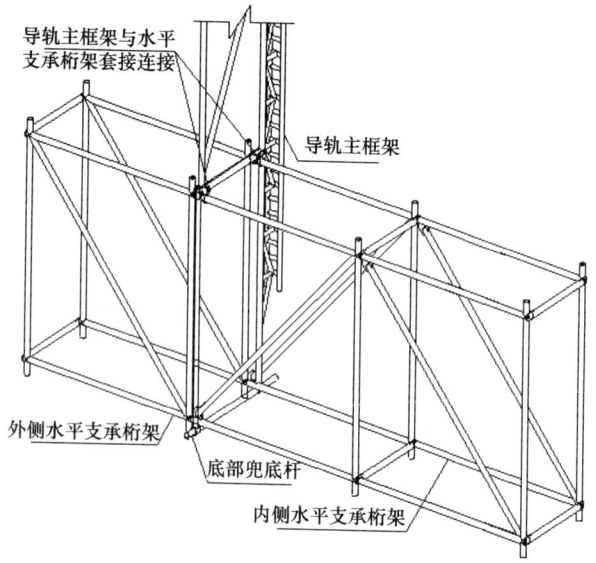

图 3-2 主框架标准节的连接

（4）水平支承结构和竖向主框架之间部位搭设钢管脚手架

所用材料：钢管，按照平面布置图、立面图设计位置或已组装的水平桁架立杆点位向上搭设脚手架。如图 3-3 所示。

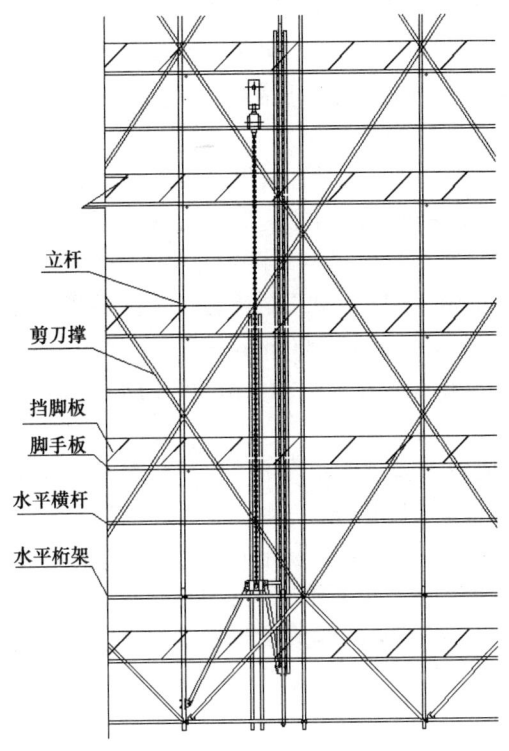

图 3-3　钢管脚手架搭设图

1）立杆搭设要求

① 立杆搭设起点为水平桁架立杆连接点，立杆接头除在顶层顶步可采用搭接连接外，其余各接头必须采用对接扣件对接连接。

② 立杆上的对接扣件应交错布置，两根相邻立杆的接头不应设置在同一步内，同步内隔一根立杆的两相邻接头在竖直方向错开的距离不宜小于 500mm，各接头中心至主节点的距离不宜大于步距的 1/3。

③ 立杆搭接长度不小于1000mm，且搭接处应用不少于两个的旋转扣件固定，端部扣件盖板的边缘至杆端距离不应小于100mm。

④ 立杆应垂直，垂直度偏差不大于40mm；多根立杆应平行，平行度偏差不大于100mm。

2）纵向水平杆、横向水平杆搭设要求

① 纵向水平杆宜设置于立杆内侧，其长不少于3跨，采用直角扣件与立杆扣接。

② 纵向水平杆接长时宜采用对接扣件连接，也可采用搭接。对接扣件应交错分布，相邻两根纵向水平杆接头不应设置在同步、同跨内，不同步或不同跨两相邻接头在水平方向错开距离不应小于500mm，各接头中心至最近主节点距离不宜大于柱距的1/3。搭接长度不应小于1000mm，搭接处应等间距设置三个旋转扣件固定，端部扣件盖板边缘至搭接纵向水平杆杆端的距离不应小于100mm。

③ 当使用木脚手板、竹串片脚手板时，纵向水平杆设置于横向水平杆下，用直角扣件与立杆连接；当使用竹笆脚手板时，纵向水平杆设置于横向水平杆上，用直角扣件与横向水平杆扣接，并等间距设置，间距不应大于400mm。

④ 每一主节点处必须设置一根横向水平杆，用直角扣件扣紧，其轴线偏离主节点的距离不应大于150mm。

⑤ 操作层上非主节点处的横向水平杆。宜根据支承脚手架的需要等间距设置，最大间更不应大于柱距的1/2。

⑥ 操作层上横向水平杆外伸长度不宜大于500mm。

⑦ 操作层外排距主节点600mm和1200m高度处各搭设根纵向水平横杆、防护高度处搭设一根纵向水平杆。在水平桁架顶部距主节点300mm高度处搭设一根纵向水平杆。

⑧ 内外大横杆应水平、平行，直线段水平偏差不大于30mm。主节点小横杆必须设置，禁止漏装，用直角扣件连接。

3）外剪刀撑搭设

① 外剪刀撑从水平承力桁架下弦杆立杆处搭设至附着升降

脚手架顶部，利用旋转扣件与立杆扣接，每道剪刀撑宽度不小于4跨或6m。斜杆与地面夹角宜在45°～60°之间。

② 剪刀撑斜杆接长宜采用搭接形式，搭接长度不小于1000mm，采用2个以上旋转扣件.端部扣件盖板边缘距杆端距离不应不大于200mm。剪刀撑斜杆应用旋转扣件固定在与之相交的横向水平杆的伸出端或立杆上，旋转扣件中心线至主节点的距离不应大于150mm。

③ 剪刀撑应随立杆同步搭设。

4）扣件安装注意事项

① 扣件规格必须与钢管直径相同。

② 扣件螺栓拧紧力矩不小于40N·m且不大于65N·m。

③ 主节点处各扣件中心点相互距离不大于150mm。

④ 对接扣件开口应朝上或朝内。

⑤ 各杆件端头伸出扣件盖板边缘长度不应小于100mm。

5）脚手板的铺设

① 脚手板应铺满、铺稳、铺实，离墙面的距离不应大于150mm。

② 采用对接或搭接时均应符合《建筑施工扣件式钢管脚手架安全技术规范》JGJ 130—2011中第6.2.4条的规定。

③ 在拐角、斜道平台扣除的脚手板，应用镀锌钢丝固定在水平杆上，防止滑动。

6）翻板制作

① 在附着升降脚手架最底层和中间层内排架与墙体之间制作安装翻板。

② 翻板一般利用木板或冲压钢板制作，采用合页或自制加工的铰链连接。

③ 制作翻板时，要依照建筑结构外形，分块制作，遇底座及立杆障碍时，应制作凹槽。

④ 翻板应连续设置，拼缝应小于10mm，水平夹角应控制在30°～60°。

7）安全网铺设

① 传统附着式升降脚手架安全网铺设

a. 安全网使用 2000 目 /100cm² 的密目安全网和安全平网。

b. 架体外排架内侧必须铺满密目安全网铺设。

c. 附着升降脚手架底层脚手板下面铺设密目安全网和大眼网兜底。

d. 铺设安全网必须绷紧、平滑、无缝隙（间隙不大于 25mm），架体转角处利用钢筋绷网。

② 半钢附着式升降脚手架安全网铺设

a. 安全网采用镀锌钢板冲孔网，其类型与全钢架网框类似。

b. 安全网与架体之间连接采用网框固定座连接，网框固定座与架体之间采用专用定制扣件连接。

c. 安全网的敷设应该严格按照平面布置图进行。

8）架体断片端头防护搭设

① 脚手板层搭接活动排板，附着升降脚手架使用工况下利用钢筋固定，搭接长度大于 300mm。

② 操作层分组处，距离 0.6m 和 1.2m 高处搭设两道防护栏杆，并向结构部位挑出封闭，端部距离结构不大于 100mm，不影响架体正常升降。

③ 分组处挂铺密目安全网。

9）爬梯搭设

① 爬梯应设置在附着升降脚手架提升跨度较小的位置。

② 利用钢管扣件或成品梯架进行搭设，搭设角度在 30°～50°。

③ 爬梯必须两侧搭设扶手杆，台阶利用竹脚板贴封。

④ 爬梯中途平台设置在位于楼层的高度位置，平台宽度不少于 600mm。

（5）安装其余主框架和钢管脚手架

逐层安装竖向主框架和钢管脚手架。

2. 全钢式附着升降脚手架的组装

架体的组装按全钢附着式升降脚手架平面布置方案的布设图

和分段吊装图的顺序逐段进行，组装具体要求为：从架体转角处端部开始，依次安装。

组装顺序：搭设辅助安装平台→铺设走道板→安装下节导轨、竖向立杆、辅助竖龙骨→加辅助支撑杆及斜拉杆→水平刚性拉结→安装第二道走道板→安装第一道安全立网→安装第一道附墙件并卸荷→安装中节导轨、竖向立杆、辅助竖向立杆→连续组拼架体直到安装完2层各组架为止→连续组拼架体直到安装完3层各组架为止→连续组拼架体直到安装完4层各组架为止→铺设电源线→安装提升设备（进入运行阶段）→检查验收投入使用。

（1）铺设走道板

严格按照图纸将对应长度的走道板铺设在找平架的小横杆上，按照图纸的布置来确定每一块走道板的位置，走道板之间用螺栓进行连接紧固，并用小横杆将走道板与找平架固定在一起。梯口部分则需按照图纸要求安装带上落窗口脚手板，脚手板必须与辅助平台限定位置，保证脚手板与墙体平衡，方便下部工作开展。如图3-4所示。

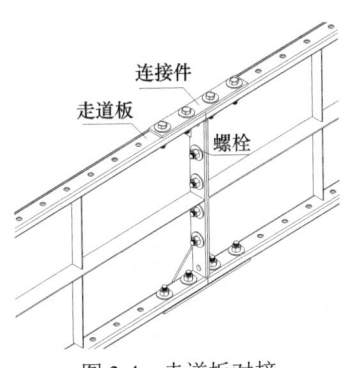

图3-4 走道板对接

（2）安装立杆

竖向立杆严格按照平面布置图的布置尺寸放置竖向立杆，在竖向立杆最下端第一个孔用六角头螺栓加大垫圈、螺母与走道板连接。如图3-5所示。

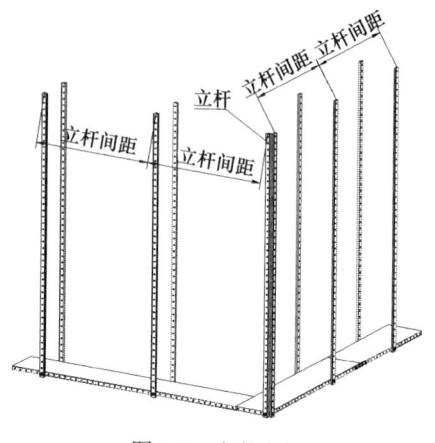

图 3-5 安装立杆

（3）安装第二层走道板

组装好所有竖向立杆后，开始组装第二步走道板，其高度见方案，一般为一个标准层高，每层架体在搭设期间至少要4个机位保留一个固定连接杆不拆除，以保持架体稳定。如图3-6所示。

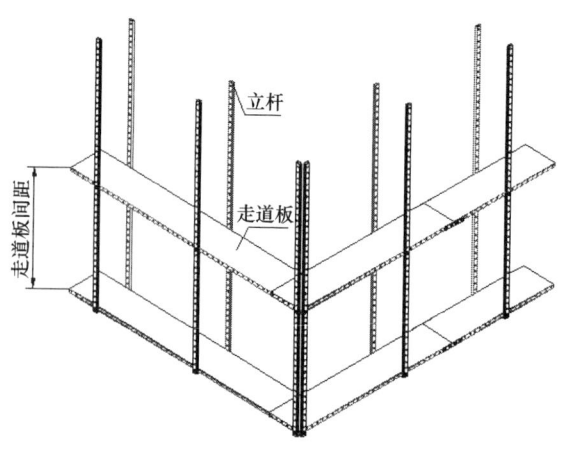

图 3-6 安装第二层走道板

(4) 安装防护网

按照图纸要求将防护网安装在对应的外侧立杆上,第一步安全网底部应放置在底部走道板,安全防护网与竖向立杆之间采用专用连接件固定。第二层防护网安放在第一个防护网上,并用连接固定件固定,防护网以米字型循环往上安装。如图3-7所示。

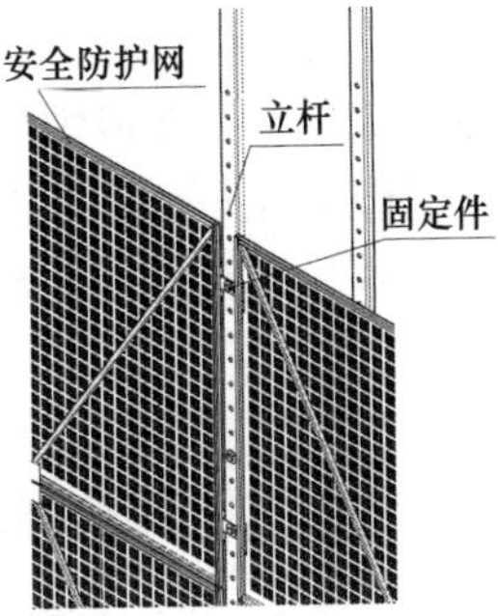

图3-7 安装防护网

(5) 安装导轨

在两层走道板及立杆安装完成后,在底部走道板上确定出导轨的安装位置,将底部导轨脚手板连接件及上层导轨脚手板连接件用螺栓固定在走道板上,再用塔式起重机进行吊装(塔式起重机不能覆盖的位置可采用汽车吊进行吊装)。如图3-8所示。

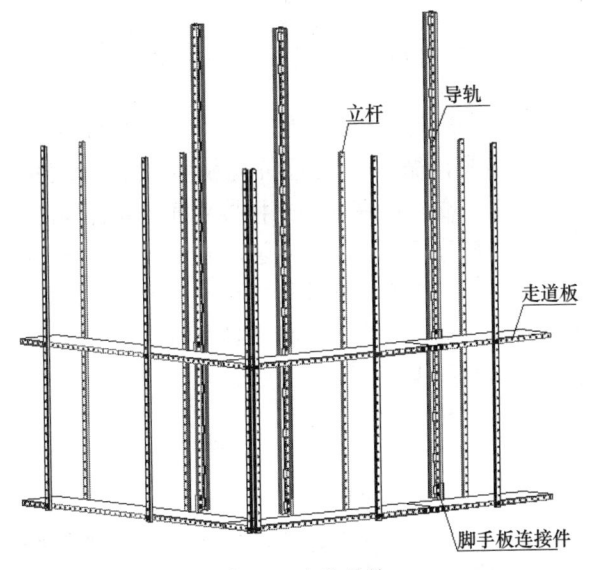

图3-8 安装导轨

(6) 安装第一个附墙支座

附墙支座组装时先检测预埋孔位置正确后,(墙体必须要在对应位置留有预埋点或者预埋孔,墙体必须达到一定的结构强度15MPa以上)穿墙螺杆穿入在结构中的预埋孔装上附墙支座,装上螺母垫片;然后将左、右导向轮套入导轨,导向轮架通过六角头螺栓与六角螺母安装到附墙支座的导轮架连接板上。如图 3-9 所示。

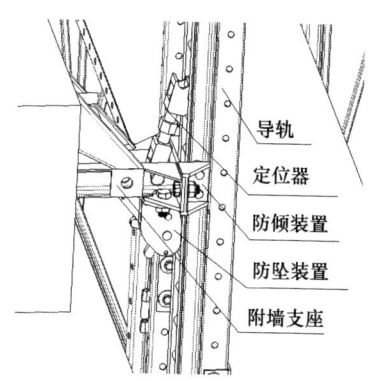

图 3-9 附墙支座安装示意图

(7)安装其余层走道板、导轨、立杆、防护网

按照以上步骤,循环安装 3、4 层架体。此步骤关系到立杆和导轨接高问题,立杆接高先将立杆接头插入立杆顶部,并用螺栓固定,露出的部分可接入上层立管,并用螺栓固定,如图 3-10 所示。导轨接高使用爬架导轨连接接头,用螺栓连接导轨连接的端部、底部的连接板,并紧固,再在导轨背后使用爬架导轨连接片用螺栓固定,如图 3-11 所示。

图 3-10 立杆接高示意图　　图 3-11 导轨对接示意图

(8)安装水平防护

架体底层脚手板必须满铺花纹钢板挑板和翻板必须严格按照图纸要求安装,爬升时翻板必须打开,工作时则须盖上。

1)转角处的密封处理

转角处也用花纹钢板以工厂制作和现场制作相配合全部密封到位。

2)异型结构处的密封处理

异型结构处也用专用密封板或密封翻板封闭并搭接于建筑结构上。

3)全钢附着式升降脚手架外侧的防护处理

全钢附着式升降脚手架整个外侧均用钢板冲孔网,与框架之间形成米字型骨架,并进行喷塑处理。确保架体的外观防锈,密封,保证了工程的质量。如图3-12所示。

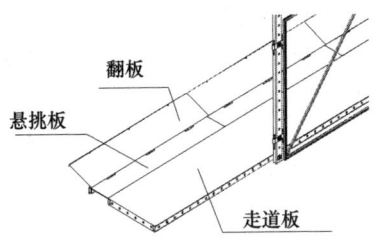

图3-12 密封防护安装示意图

(9)爬梯搭设

1)爬梯应设置在脚手架跨度较小的两直线段提升点之间。

2)工具式爬梯安装角度在30°~50°,上部端头用螺栓固定在走道板边框上。

3)爬梯内侧设有扶手栏杆,扶手栏杆在梯子主体安装后,再用自攻螺钉安装在靠建筑物一侧。

4)爬梯安装在设计位置。

5)爬梯入口周边要增设防护栏杆,内侧间隙要搭设防护翻板,防止人员踏空坠落。如图3-13所示。

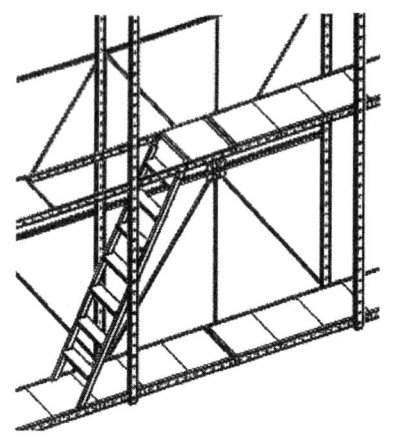

图 3-13 爬梯搭设示意图

3．特殊位置的安全防护

高层结构外立面常常设计有飘窗板、空调板、装饰檐口线条等结构，为确保作业人员安全，应强化安全设施，必须根据建筑物的实际结构情况分别采取相应的防护措施，在架体安装就位后，应将架体单元的大小翻板均全部打开，实施底部密封和内侧防护。

3.2.3 预埋管的安装

1．安装要求

1）预埋管可采用 PVC 管、薄壁铁管等。

2）预埋管的安装质量要求：竖向位置以导轨的中心线为基准线，中心偏差不大于 50mm；预埋管两端的水平度、垂直度偏差不大于 10mm 且与模板固定牢固。

2．剪力墙上预埋措施

剪力墙上安装预埋管：其标高位置一般距楼层顶板下皮 500mm 或距顶板上皮 400mm 的位置（方案有特殊要求的除外）。

3．梁上预埋措施

（1）梁上安装预埋管：预埋管中线距梁底不小于 250mm，

安装吊挂件的预埋管中线距梁底不小于300mm，预埋管应尽量靠近楼面。

（2）梁上安装预埋管时，为防止浇注混凝土时预埋管位移，宜在梁内外两侧的两箍筋间附加长度不短于300mm直径不小于10mm的钢筋将预埋管固定。如图3-14所示。

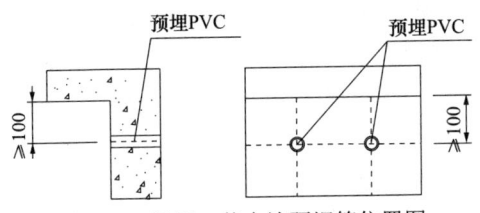

图3-14 梁侧、剪力墙预埋管位置图

4．板上预埋措施

在板上安装预埋管时，如果采用附板式导座附着，先吊线找出中心位置线，然后再根据工地使用附板式导座的规格来确定孔距，从结构边向内尺量，确定预埋位置。当其位置处于纵、横向钢筋的空隙处时，应在底筋和面筋都附加长度不短于30mm直径不小于$\phi 10$的钢筋，将其与预埋管、板筋进行固定。如图3-15所示。

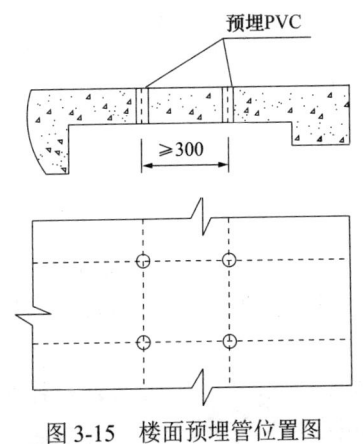

图3-15 楼面预埋管位置图

3.2.4 附墙支座的安装

1．预埋孔的检查

（1）预埋孔是否通畅。

（2）预埋管的位置偏差是否符合要求：中心偏差不大于15mm，水平与垂直偏差不大于10mm。否则，必须重新打孔。

（3）检查结构表面是否有跑模、胀模等影响附墙支座安装质量的情况，跑模、胀模偏差较大时需进行修整，合格后方可安装附墙支座。

2．附墙支座安装

附墙支座安装时背板必须紧贴结构，并使附墙支座中心与导轨的中心一致，导轨穿过导轮组件时两侧边间隙均匀一致，每端按标准装好螺栓垫片，螺杆露出螺母端部的长度不少于3牙丝。

（1）当附着结构为剪力墙或框架梁时，应选用标准附墙支座。如图3-16所示。

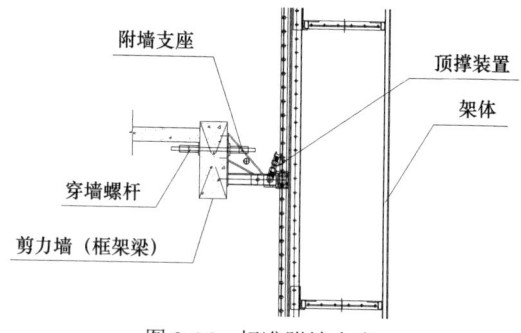

图3-16 标准附墙支座

（2）当附着结构为飘板时，可设计选用三角加长支座进行卸载。如图3-17所示。

（3）当支座安装在楼面时，须增加斜拉杆连接到上层框架结构上进行卸载。如图3-18所示。

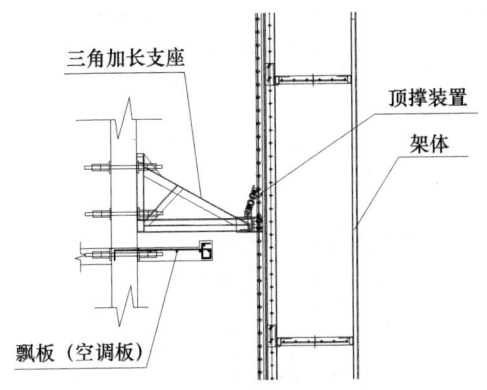

图 3-17 加长附墙支座

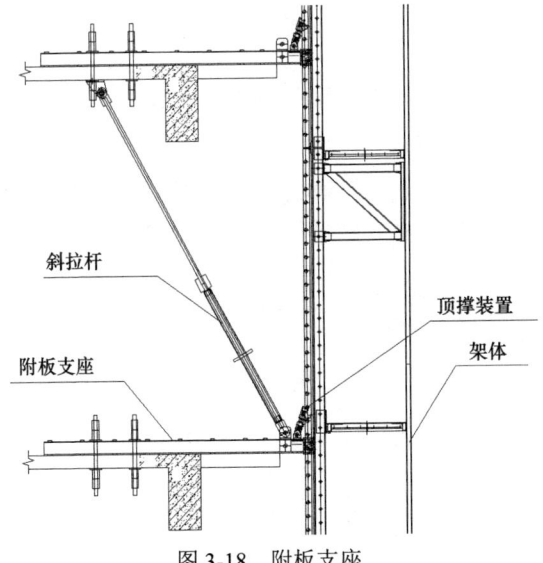

图 3-18 附板支座

3.2.5 升降机构的安装

1. 倒挂式电动葫芦的安装

（1）倒挂式电动葫芦的安装位置

附着升降脚手架采用电动葫芦倒挂安装方式时，电动葫芦安装在附着升降脚手架靠近建筑物一侧,偏心提升,不占用平台通道,电动葫芦一次性安装到位后不再需要转运。

(2)安装下挂座

根据安装图纸,通过螺栓将下挂座固定在导轨与加强立杆之间。如图3-19所示。

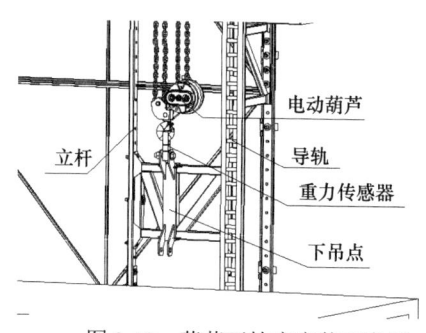

图3-19 葫芦下挂座安装示意图

(3)安装上挂座

上挂座安装在架体第四层位置,根据安装图纸,通过螺栓将上吊点固定在导轨与加强立杆之间。如图3-20所示。

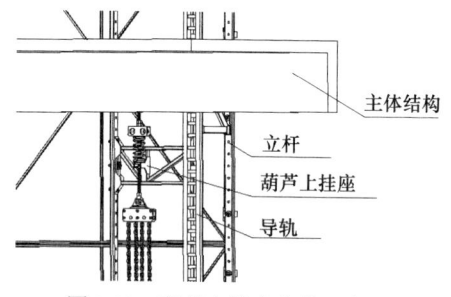

图3-20 葫芦上挂座安装示意图

(4)安装附墙吊挂座

附墙吊挂座一般安装在架体覆盖楼层第二层,安装时应核对预埋孔位置、预埋件精度、上下吊点垂直度以及吊挂座附着结构混凝土强度不低于C10等要求,核对无误后用穿墙螺栓固定在结构预埋位置。如图3-21所示。

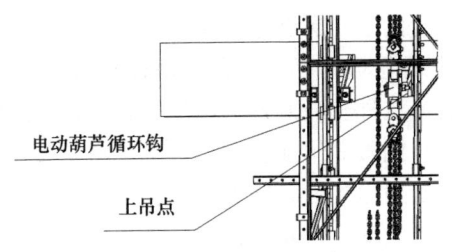

图 3-21　附墙吊挂座安装示意图

（5）安装倒挂装式电动葫芦

拆除倒装式电动葫芦上挂钩总成的丝杆螺母和压缩弹簧，丝杆穿入上挂座中，装入压缩弹簧和螺母，不用调紧。测力传感器应安装在下挂座的电动葫芦的吊钩处，传感器的圆孔与架体用销轴连接，电动葫芦的吊钩直接挂入传感器的 U 形孔处。调节上挂座电动葫芦上挂钩总成的丝杆螺母使得电动葫芦链条拉紧。

2．正挂式电动葫芦的安装

附着升降脚手架电动葫芦升降动力采用正装环链式电动葫芦，如图 3-22 所示。

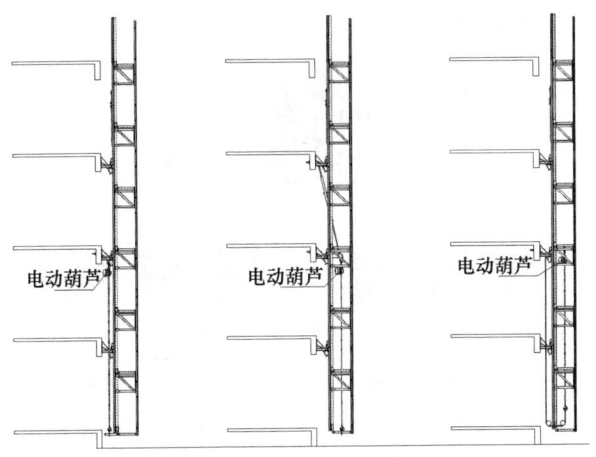

图 3-22　正挂电动葫芦安装示意图

（1）正挂式电动葫芦安装在附墙吊挂座上，在靠近建筑物一侧，偏心吊装，这种安装方式每次升降完成后都需要拆除电动葫芦，由人工搬运到上一层进行安装。

（2）正挂式电动葫芦安装在附墙吊挂座上，在爬架中心位置，中心吊装，这种安装方式附墙吊挂座较长，需要在上层建筑结构上拉斜拉杆到附墙吊挂座上，每次升降完成后都需要拆除电动葫芦，由人工搬运到上一层进行安装。

（3）正挂式电动葫芦安装在爬架中心位置，中心吊装，钢丝绳一端安装在附墙吊挂座上，另一端通过滑轮安装在电动葫芦的吊钩上，这种安装方式每次升降完成后不需要拆除电动葫芦，但需要人工拆除安装在附墙吊挂座一端的钢丝绳，并且收回放在爬架架体平台上。

3.2.6 智能提升系统的安装

附着升降脚手架（爬架）智能控制系统包括主控箱、分控箱、调力传感器、通信器、遥控器、控制电缆通信电缆、计算机控制总线电源进线、电机电源线及由电动葫芦和上、下吊挂件、倒链装置组成，通过上吊挂件固定在建筑结构上，形成独立的提升体系。如图3-23所示。

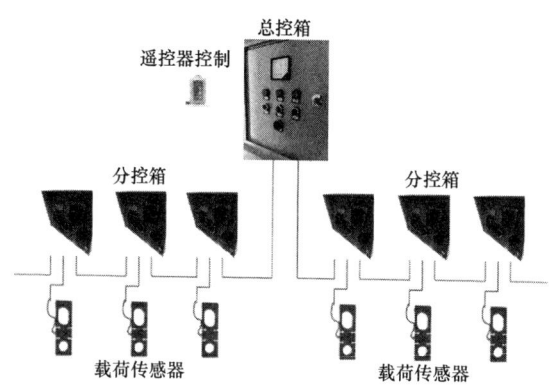

图3-23 控制系统组成

1. 主电缆安装与布线

在爬架搭建好后，控制系统没安装前，应准备一条主电缆线，规格视具体机位数而定，单片10个机位以下推荐采用6平方四芯全铜电缆。单片超过10个机位推荐采用10平方四芯全铜电缆；选择架体第二层脚手板下部，绕着架体一周布好主电缆线，并用波纹管套（或PVC管）好主电缆线，并用扎带绑在架体上，每个机位点预留30cm电缆线，用于分控箱取电。主电缆线布线起点位置最好从断点处开始。

2．主控箱的安装

主控箱的背部有安装扣，用户可以直接使用铁丝固定在方钢（钢管）上，也可使用螺丝直接固定在金属防护网上。

（1）总电源进

把工地楼层内的二级配电线引出的五芯电缆（三根火线+零线+地线），按照主控箱内接线排的标签指示，接入主控箱。

（2）总电源出

电源出线为绕架体一圈的主电缆，按照相同相序接入主控箱内的60A断路器上，本主控箱内有两组60A断路器，用户可以根据实际情况将机位平分成两路，以减轻主电缆供电压力，达到负载均衡能有效防止电机烧毁现象发生。

（3）控制线插孔

控制线插孔用于接控制线，长度为6m的双端防水航空插头线。每台分控箱标配根的控制线，控制线为双端防水航空插头的四芯电缆线，插头上的箭头必须与插座的位置标记在一个方向，控制线采用一进一出方式连接，出线接入相邻分控箱的控制插孔中。

（4）通信线插孔

通信线插孔用于接通信线，长度为6m的双端四芯航空插头线。每台分控箱标配一根通信线，通信线为双端三芯航空插头的电缆线，按插孔的凹槽接插，通信线采用一进一出方式连接，出线接入相邻分控箱的通信插孔中。

3．主控箱操作说明

主控箱内设置有遥控接收模块，遥控及手动均可控制架体的

"上升、停止、下降";其中,手动控制具有优先权,在进行手动控制的时候,遥控器将处于失效状态。

4. 分控箱的安装

分控箱的背部有安装扣,用户可以直接使用铁丝固定在方钢(钢管)上,也可使用螺丝直接固定在金属防护网上。分控箱是采用并联的方式连接,一进一出。

(1) 电源进线插孔:接电源进线,长度为2m的双端防水航空插头线。

每台分控箱标配一根的电源线,电源线为双端防水航空插头的四芯电缆线,插头上的箭头必须与插座的位置标记在一个方向。

(2) 电机电源插孔:接电机电源线,长度为6m单端四芯航空插头线。每台分控箱标配一个电机电源线,提电机电源线为单端防水航空插头四芯电缆线,按插孔的凹槽接插,另一端的3根线直接按在提升机(葫芦)电机的接线端子上。(注意:所有机位的线都按固定颜色对接。)

(3) 通信进(出)插孔:接通制线,长度为6m的双端四芯航空插头线。

(4) 传感器插孔与安装:每一只配套的传感器,出线方式为四芯航空插头出线,按插孔的凹槽接插。

测力传感器的安装:测力传感器应安装在上吊点或下吊点的电动葫芦的吊构处,传感器的圆孔与架体用销轴连接,电动葫芦的吊钩直接挂入传感器的U形孔处。

3.3 附着式升降脚手架特殊部位的处理方法

3.3.1 附着式升降脚手架分组布置

1. 架体分组要求

根据建筑结构分成一组或多组架体使每组架体能独立控制升

降，分组原则如下。

（1）分组尽量要少，常规建筑一般为对称两组分布。

（2）分组位置要避开塔式起重机附墙、施工升降机、物料平台。

（3）每组架体与架体之间的端面间距宜为300mm。

2. 分组口处立面封闭

使用安全防护网通过固定件与立杆连接，立面全密封。架体提升时翻转分开断面口，提升到位后立即翻转封闭。

3. 密封翻板设置

附着升降脚手架分组处每层设置翻板密封，提升前每层翻板打开固定，提升到位后恢复翻板密封。

3.3.2 圆弧位置布置

当圆弧外侧曲线距离大于4.5m时，应在切点处增加一个机位并保证机位之间曲线距离不能大于机位布置跨度。

3.3.3 转角位置布置

折线或曲线布置的闭合架体，相邻两主框架支撑点处的架体折线距离不得大于5.4m。

3.3.4 附着式升降脚手架与施工电梯处的处理

施工电梯与架体有以下几种关系：

（1）施工电梯贯穿架体如图3-24所示。

（2）施工电梯进入架体如图3-25所示。

（3）施工电梯不进入架体如图3-26所示。

施工电梯穿过架体和施工电梯进入架体的做法：架体上升或下降，施工电梯与架体之间保持至少250~300mm的间隙。施工电梯不进入架体时，附着式升降脚手架不与施工电梯相互干涉，架体在上升过程中施工电梯在架体底部运行。

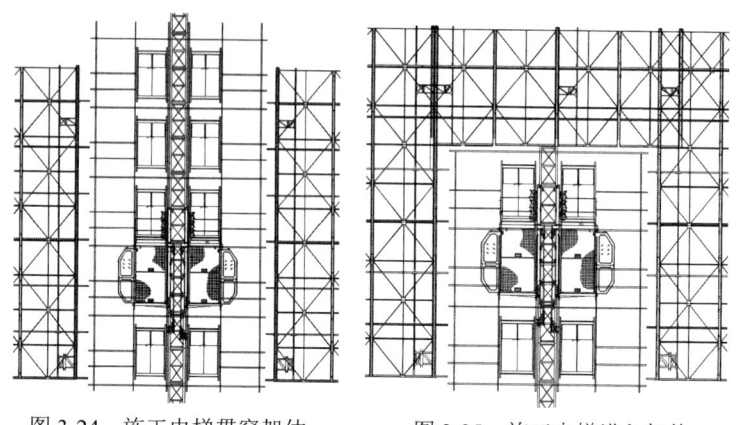

图 3-24 施工电梯贯穿架体　　图 3-25 施工电梯进入架体

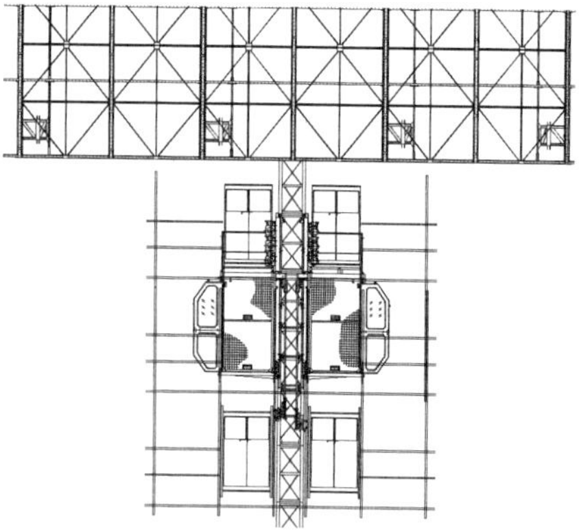

图 3-26 施工电梯不进入架体布置

3.3.5 塔式起重机附臂处的处理

架体覆盖结构一般为四~五层高,塔式起重机附臂一般穿入架体,在架体提升时附臂以下的架体需特殊处理,通常做法是:在塔式起重机附臂处设置可开合式吊桥板,在需要通过塔式起重机附臂时,将吊桥板打开即可。如图 3-27~图 3-29 所示。

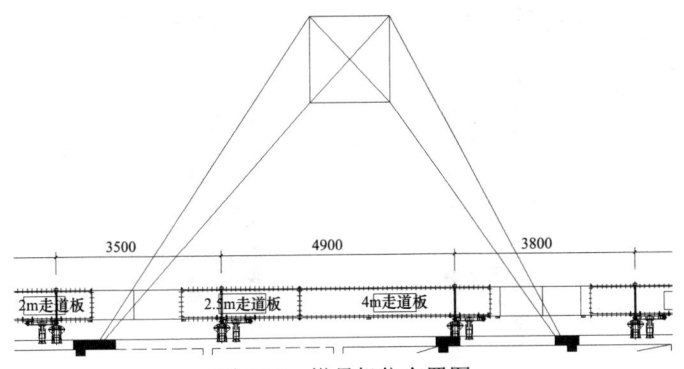

图 3-27 塔吊机位布置图

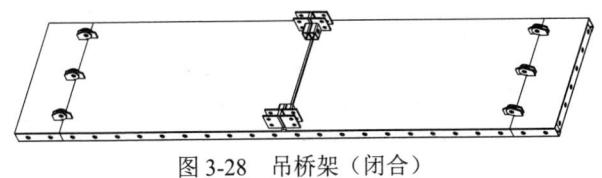

图 3-28 吊桥架（闭合）

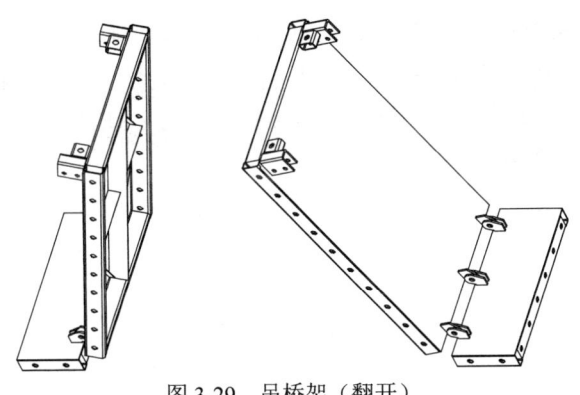

图 3-29 吊桥架（翻开）

3.3.6 物料平台的使用

料台应单独设置，在使用过程中必须与架体分开，将料台的全部荷载卸载到建筑结构上。料台随架体一起提升。

1. 附着式升降物料平台可分为斜拉式和斜撑式（图 3-30）

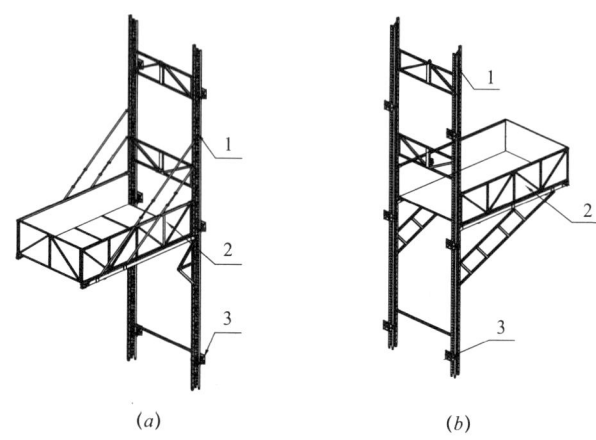

图 3-30 附着式升降卸料平台示意图
（a）斜拉式；（b）斜撑式
1—导轨；2—平台；3—附着支承

2. 料台主体组装

将物料平台主体平放在空地，组装料台主体，将料台主体立起后安装在平放的导轨上，将料台主体安装好后，安装斜撑杆，桁架，并将撑杆之间的连接杆连接好。如图 3-31 所示。

3. 卸料平台吊装

吊装前准备：

（1）料台吊装前，安装位置的梁上需打好安装导座的预留孔。

（2）料台吊装前，需将安装位置处的架体底部断开

导轨上有两个吊点，每个导轨各一个，用钢丝绳绑牢，另外料台的斜撑杆连接处也一边设置一个吊点，也用钢丝绳绑牢，四个吊点应该设置在同一平面上，防止料台的倾覆。

4. 平台的吊装要求

物料平台加工制作完毕后经过验收合格方可吊装，吊装前务必把所有零部件连接好，并保证其成为一个刚性的整体。吊装

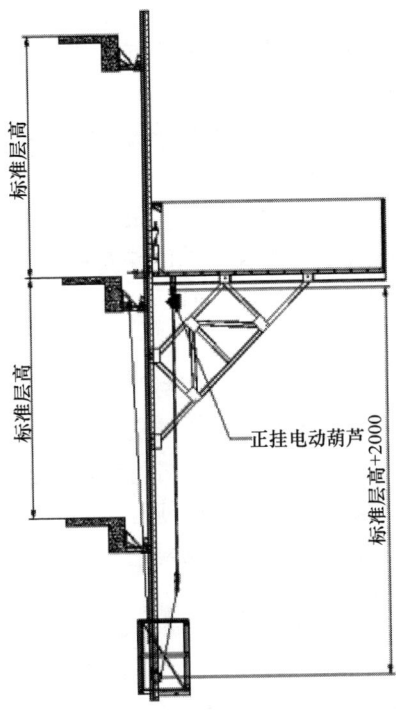

图 3-31 料台主体组装示意图

时,先挂好吊钩,传发初次信号,但只能稍稍提升卸料平台,放松斜拉钢丝绳,方可正式吊装,吊装不宜过急,要保证卸料平台上升的平稳,吊装至预定位置后,将导座连在墙体上,待完全固定好,方可松塔式起重机吊钩,卸料平台安装完毕后经验收合格后方可使用,要求提升一次验收一次,安装完验收表格见附录。

5．操作平台安全要求

（1）料台使用时必须悬挂限载指示牌,此工程使用料台限载1500kg。

（2）每次吊装后均应由现场安全员检查验收合格后方可使用。

（3）料台的使用必须是即装即吊,不允许物料在周转过程中长时停留在料台上。

（4）零星材料堆放时不允许超出料台边缘，钢管料超出料台长度应小于1.5m。

（5）物料平台和小平台侧面必须做好护栏网，保证施工人员的人身安全。

（6）物料平台只允许在架体底部运行，不得拆除卸料平台部位的走道板将物料平台在架体内部进行提升。

（7）当有物料平台有故障时，应及时排除故障后再重新提升。

（8）当提升到底部固定导向座离开导轨后，停止提升并将该固定导向座卸下移往顶部对正导轨处安装好，方可继续提升。

（9）当所有机位可靠卸荷后，方可进行倒链工作。上述几道程序完成后，即可停机，一次升降便已完成，经再次复检后便可供下次继续使用。再次升降时，只要重复上述的程序，料台便可进行新的一次提升。

（10）提升过程中现场操作人员必须坚守岗位，注意观察并作好记录，一旦发现结构变形、受损等现象，应立即停止提升，待修复加固后才能继续操作。提升，下降完，验收表格见附录。

6．物料平台的拆除

物料平台使用完毕后，进行拆除工作，在整个平台的拆除过程中，应注意安全，事先对作业工人进行技术和安全交底。首先清理料台上的物件，确定料台完整安全，料台用吊钩吊好。拆除导座和建筑物的连接件，然后慢慢把导座式升降卸料平台吊下。

拆卸时，要有专人负责指挥，并在拆卸范围内设置警戒线，防止人员闯入发生安全事故。拆卸人员应佩戴安全帽，严禁向下抛扔平台组件。

7．卸料平台的拆除后封闭防护措施

卸料平台拆除完毕，架体洞口进行密封防护。

3.4 附着式升降脚手架的提升

3.4.1 提升前将信息告知相关作业班组、人员

（1）施工队安全员通知其他相关作业班组和人员（包括钢筋工、木工、混凝土工）架体提升时间、计划提升组架体位置，使各工种提前安排好各自的工作，清理架体上各自的物料和影响架体提升的障碍物等，并告知升架时严禁上架和架底施工。

（2）对操作人员进行提升交底。

（3）通知住现场人员和架工班组做提升准备。

3.4.2 提升前的准备工作

（1）预留孔的查找：

架工班长接到通知后安排工人检查计划提升组安装吊挂件和附墙支座的预留孔是否畅通有效。如果预埋孔出现被混凝土堵塞、预埋孔严重偏位等不能使用的情况，必须提前重新开孔。

（2）安装吊挂件：

架子班长安排工人在符合要求的预留孔位置，按要求安装吊挂件。吊挂件安装时背板面必须满贴结构表面，安装顺直、紧固有效，垫片螺母的数量及露出丝牙长度符合要求（每端一个 100mm×100mm×10mm 的垫片，螺母拧紧，露出 3 丝）。

（3）将计划提升的葫芦环链挂在上吊点上，顺直链条。

（4）检查电控系统，排除故障。启动电气控制系统前，由作业班组指定一名升降指挥员，负责掌握操作主遥控器，协调升降的过程。指挥员将计划提升组的主控箱的开关合上，通电后检查遥控系统是否有效，如有问题，及时排除。

（5）电控系统检查无问题后，将改组主控箱面板上"提升"钮按下，给分控箱送电（注意：电箱间接线、葫芦接线的相序必须一致，如果出现葫芦反向运动必须进行调整）。

(6) 电动葫芦链条预紧

单独控制每台葫芦的电控装置,依次将每台葫芦的链条拉直。如果无需立即提升必须把葫芦插头拔下,关闭电箱开关,锁好分组电箱门。

(7) 检查计划提升组架体与结构间的连接、架体组件的连接、其他影响架体正常提升的障碍物等是否全部拆除、架体上的物料、机具、垃圾是否清理干净。对未清理干净的部位,协调相关人员及时落实,以免影响架体的提升。

(8) 项目安全部门等相关人员、厂家技术人员对计划提升组的准备工作情况进行检查,合格后填写《附着式升降脚手架提升、下降作业前检查验收表》并履行签字手续。

3.4.3 架体提升运行阶段

(1) 架体底部翻板打开,固定好,架体底部地面画出警戒区,拉上警戒线、挂上警示牌并派专人看守。

(2) 架子班长分配好操作人员落实各自的任务:作业面至少有一人巡视并制止其他人员上架或邻架施工,其他看护的操作人员站的最上面附墙支座紧邻的楼层边缘,仔细观察所负责机位的上下吊点、葫芦、附墙支座等设备是否正常,有无刮卡等不正常的情况出现,严禁站在提升的架体上巡查。由指挥员用手中的主遥控器发出提升指令,实施提升。

(3) 各操作人员认真看好所负责的部位,发现异常、卡阻及其他影响正常提升的情况时,立即用手中的遥控器发出停止指令,并将情况立即告知指挥员,根据障碍处理的难易程度,安排尽量少的人员上架及时排除障碍(切记:排除障碍时架体上最多只能三人操作其他配合人员必须站在楼层上)。发生需要调换葫芦的故障,必须将该机位及左右相邻机位的附着支座上的定位器支顶在导轨的小横杆上,并关闭该组所有分控箱的开关后在进行调换,更换的葫芦通电后相序必须确保一致。

(4) 故障排除确认无误后(按前述要求准备完毕),指挥员用遥控发出"提升"指令,继续提升,提升到位为止。

(5)提升时要严密注视特殊部位加长导座、加长吊挂件等部位的情况,提前做好防止加长导座、加长吊挂件上翻的支顶工作,避免提升时因摩擦力过大造成加长导座、加长吊挂件上反引发的事故。

(6)关闭分控箱开关、分组电箱拉闸上锁,并拔下葫芦插头。

3.4.4 架体恢复阶段

(1)恢复底部密封翻板、分组处的翻板、分组竖向缝隙的防护网。

(2)恢复好架体悬臂部分与结构的拉结、组间的连接。

(3)上述工作全部完成,架工班长自检合格后,填写"附着式升降脚手架运行完毕及使用前检查验表",报项目部安全员、项目工长、爬架公司现场管理员、施工队安全员复查并履行签字手续。

3.5 附着式升降脚手架的下降

升降架在升至顶层后,待需要下降的时候,先进行架体的全面检查,确保架体各个部位安装完全,没有任何安全隐患及架体下方10m内无任何人员时,方可进行架体的下降操作。

3.5.1 架体下降流程

(1)在架体下降区域内离建筑物10m位置拉置警戒线,并设专人看管。

(2)将轨道夹安装至主框架最顶端的导轨上同时每个支座安装上下降防坠器,必须保证连接可靠。

(3)将所有防坠器的复位卡簧安装到位,并检查验收,确保每个防坠器安装位置准确,复位卡簧可靠受力。

(4)拆除最顶端的附墙支座,将附墙支座安装在架体覆盖第一层的建筑物墙体上，确保连接可靠（所有支座和钢梁必须按要求安装，确保两条螺栓和每个螺帽一段露出最少3丝，钢梁安装平整，不得有抬头、低头、扭转现象）。

（5）安装上挂块至最下端的附墙支座上。

（6）悬挂电葫芦挂钩，预紧链条，检查所有分控箱正反控制是否一致。

（7）松开下降架体上的所有承重顶撑，并旋转至建筑物位置。

（8）对所有位置进行全面检查，确保各操作准确无误，检查到位后准备下降操作。

3.5.2 架体下降前准备

架体下降前应对架体整体做全面细致的检查、具体检查内容为：

（1）架体连接螺栓做全面紧固并涂油保养。

（2）所有位置施工垃圾必须做全面彻底的清理。

（3）导轨上、附墙支座上板结混凝土必须做全面清理，导轨、附墙支座导轮、导向架连接螺栓做全面的涂油处理。

（4）电动葫芦全部做清灰涂油保养，同时检查运转是否正常。

（5）所有电缆检查是否有破损或老化现象，下降前做好全面的更换或维护工作。

（6）检查维修总、分控制箱各开关保护元器件是否工作正常。

（7）检查所有翻板是否连接可靠，转动自如。

3.5.3 架体下降过程中的安全注意事项

（1）下降前特别要注意架子的清理工作，翻板在下降的情况下，需翻起。下降过程中，巡视人员一定要加强责任心，杜绝损坏已装修表面和已安装的门窗的现象发生。

（2）下降过程中，架体下方停止一切作业，并设置警戒区，由专人负责警戒。

（3）下降过程中，架体不应滞留任何材料与杂物，所有人员全部撤离架子。

（4）安全检查：根据作业指令书由现场安全员组织专业人员进行安全检查。

（5）各类人员各就各位，确认无误后，由现场总指挥下达下降命令。各专业人员按各自的职责范围巡视、观察，要求注意力集中，认真负责，发现异常立即停止下降，确定故障排除后，方可再次下降。

（6）调整架体水平度，使各个机位架体底部与楼层相吻合。

（7）将上一层附着支座安装到架体下层楼安装部位上。

（8）将架体与墙体可靠拉结、卸荷，作好防护。

（9）松开葫芦链条，并组织作业后专项检查，填写检查表。

（10）预埋孔的有效性：

1）要仔细查看附墙支座和吊挂件的预留孔位置的尺寸偏差是否在允许范围内。如果超出必须弃用并重新打孔。

2）仔细观察预留孔周围是否有裂纹，如果出现肉眼可见的裂纹，此孔必须弃用，采取换位置钻孔或其他可靠的措施。

（11）防坠装置的齐全有效性：

仔细检查每个附墙支座的防坠器是否灵活可靠，复位弹簧是否齐全、弹力是否能保证防坠摆针自然复位。如果有问题必须在下降前进行修复。严禁人为将防坠器复位弹簧取掉，致使防坠系统失效。

（12）下降中要严密监控，发现问题应及时停机处理。

（13）架体恢复阶段：

1）下降完成后，同样关闭分控箱开关、分组电箱拉闸上锁，并拔下葫芦插头，恢复底部密封翻板、分组处的翻板、分组竖向缝隙的防护网。

2）恢复好架体悬臂部分与结构的拉结、组间的连接。

3）上述工作全部完成，架工班长自检合格后，填写"附着式升降脚手架提升、下降作业前应检查验收表"，报项目部安全员、项目工长、爬架公司现场管理员、施工队安全员复查并履行签字手续。

3.5.4 附着式升降脚手架升降过程中的监控

对附着式升降脚手架在升降的过程中实施有效监控是保证附着式升降脚手架安全施工的关键。监控的方法。一是通过有载增量控制器进行监控，二是操作人员分区域监控。

（1）使用荷载增量控制器对附着式升降脚手架在升降过程中吊点的荷载实时控制是防止安全事故发生的第一道防线。在升降的预备阶段对吊点电动葫芦起重链条预紧，可以防止对吊点产生过大的预紧力。电动葫芦的起重链断裂与吊点荷载变大有直接关系，吊点荷载变大的原因：一是吊点机位处不同步相差大，二是附着式升降脚手架在升降的过程中碰到障碍物。通过操作人员密切监视各提升吊点的荷载变化，及时进行调整各提升吊点的荷载或停机处理，来防范架体倾斜、倾覆事故的发生。

（2）操作人员观察监控是对附着式升降脚手架在升降的过程中实施监控的重要方法。

1）检查电动葫芦的电源线和荷载增量控制器的控制线有无损，防坠器与防坠吊杆的运动状况良好。观察提升设备、电气设备运行是否正常，若发生故障，应由专业维护人员及时进行维修。

2）检查各管辖区内每台电动葫芦的通电运转情况，电动葫芦的转向是否一致，通过控制柜分别启动、预紧电动葫芦起重链、检查每台葫芦的吊钩是否勾牢传感器吊环，电动葫芦环链是否倒转等，并使每台葫芦的吊钩处于恰好受力状态，应使每个吊点的荷载控制在正常升降状态之内。

3）操作人员一般每个人分管 4～5 台电动葫芦，如果在升降的过程中发现葫芦的起重链翻链、打结等有损链条或土建施工的支模钢管、方木、模板等物件与脚手架相碰或其他异常情况时，应立即通过哨声向控制台叫停，避免进一步提升可能发生的事故。

4）附着式升降脚手架在升降的过程中每个人发现可疑情况都可叫停。重新启动前，应查明叫停原因排除故障后，总指挥才能再次发出提升命令。一般情况下，升降施工作业可分为1～2个阶段。第一阶段升降行程应控制在10～20cm，然后进行停机检查，确认全面正常工作后，方可进行第二阶段的升、降运动，直至完成一个层高的行程高度。

3.6 附着式升降脚手架的拆除

3.6.1 准备工作

1. 拆除人员及工具的准备

根据项目部所定的时间提前做好操作人员、工具及防护用品（安全帽、安全带、警示标志、扳手、钳子、工具袋等）等准备工作。

2. 对操作人员进行拆架交底

架体正式拆除前，编制人员或者项目技术负责人应当向施工现场管理人员进行方案交底。施工现场管理人员应当向作业人员进行安全技术交底，并由双方和项目专职安全生产管理人员共同签字确认。

项目安全部及监理单位对架子工所持证件的有效性进行检查，要求架子工必须持证上岗，禁止无证操作。

3. 防护措施的落实

（1）通知相关人员（架子工、紧邻架体作业的所有作业人员）拆架的具体部位和时间，要求其提前安排好各自的工作。

（2）拆除前将升降架底部10m范围内，拉上警戒线进行封闭，禁止任何人进入，并派专人看守。严禁其他无关人员在正在拆除的架体上、临架、架底进行施工。

（3）架子工作业时，必须佩戴好安全帽、系好安全带，严禁穿高拖鞋或硬底带钉易滑鞋作业，工具及零件应放在工具包内，服从指挥，集中思想、相互配合，拆除下来的材料不乱抛、乱扔。附着式升降脚手架作业下方不准站人，架子工不准在附着式升降脚手架上打闹、嬉笑。

3.6.2 架体拆除

1. 架体上的物料、垃圾等的清理

清理干净架体上的机具、物料、混凝土碎块等建筑垃圾，清理时从上往下进行，所有被清理出的物料、垃圾等必须清至楼内再运至地面，严禁直接从架体向下抛撒。

2. 升降系统设备的拆除

从进线端拆掉电源进线、配电箱、电缆，并运至库房分类堆放整齐。拆除电器设备时，注意保护设备，严禁硬拉、硬拽。拆除电动葫芦、吊挂件，用施工电梯运至地面库房分类堆放整齐。

3. 附着升降脚手架

附着升降脚手架分人工拆除，汽车吊拆除，以及塔式起重机拆除。

3.6.3 钢管式附着升降脚手架拆除

钢管式附着升降脚手架拆除主要有水平支承桁架以上的脚手架拆除及水平支承桁架的拆除两大部分

具体操作步骤如下：

架体清理垃圾，准备拆除→拆除荷载控制系统电缆线、信号线→拆除荷载控制系统总控箱、分控箱→电动环链葫芦→传感器→拆除上下吊座、附墙吊挂座→拆除附墙支座→从上到下依此拆除防护网、踏板、立杆、导轨等。

1. 人工拆除

（1）拆除时必须两人配合。

（2）在附着升降脚手架中间位置和附着升降脚手架的底部各搭设临时挑网一道，挑杆长度为4.5m，挑杆间距为2m，当脚手架自上而下拆至中间挑网时，再拆中间挑网，向下拆完脚手架后,再拆底部挑网。

(3) 架体底部与建筑物的空隙应进行封闭隔离。

(4) 自上而下无遗漏地清除附着升降脚手架每步操作面建筑垃圾,撤离与附着升降脚手架非紧固连接的构件、杂物、清除附着升降脚手架覆盖的建筑结构层内距建筑周边 2m 的建筑垃圾。清除的建筑垃圾,构件、杂物应集中放置,放置在建筑物内安全位置,以防坠落。

(5) 自上而下,一步一清拆除,拆下零部件应逐一传递至相应楼层内,严禁任意乱丢,拆除架体拆到中间挑网位置时再拆中间挑网,然后依次拆下部的附着升降脚手架构件。拆下的构件按规格分别集中堆放捆扎后由塔式起重机向下吊运,扣件、螺栓、螺母等小件物品放在专用器具内向地面搬运。

(6) 在搭设落地脚手架与被拆附着升降脚手架的机位处用钢管扣件设置不少于两根的托撑,操作人员站在落地脚手架上,以三人为一组从两机位的中间位置向两边逐根拆除上下弦杆、斜腹杆和中间框架、底部主框架组成的脚手架,重量较大的中间框架、底部主框架应由其中一人扶牢,分离后二人搬运至楼内。

(7) 从上至下拆除立面防护网,拆除后的材料堆放在楼层中。

(8) 继续重复以上(5)~(7)步骤,从上至下拆除里面防护网、踏板、立杆,直至拆除完毕。

(9) 每次拆解时,工作人员应在未分离架体上操作并系牢安全带。

2. 汽车吊拆除

若塔式起重机已拆除,附着升降脚手架需下降到初始位置,采用汽车吊拆除来完成。

导轨和水平桁架的拆除:

(1) 当架体拆除至底层水平桁架及导轨处时,须进行吊装拆除。拆除作业中,必须保证每一榀导轨上至少安装两个附着支座,并在每个附着支座的上下各加两个定位扣件,防止架体吊离时，附着支座从主框架上脱落；螺栓、垫片拆下收集好集中运至地面。

（2）根据升降架的跨度和平面布置情况，从分组处开始，将升降架逐个确定分段位置，一个机位为一段，每段以导轨为中心，然后根据分段情况进行加固处理。

（3）根据分段情况，在第一个机位相应位置将水平支承桁架连接螺栓拧出，使第一个机位成为一个独立的整体。

（4）用汽车吊垂直吊住导轨主框架，并将架体微微上提，使附着支座不再受力，在各项工作完成并由现场主管人员确认无误后，将相应附着支座位置的螺栓拆除，然后用汽车吊将该段升降架吊至地面平放。

（5）起吊前检查钢丝绳并确认完好后方可起吊；听从持证信号工指挥，起吊前应保证架体与结构及其他架子无连接。

（6）在汽车吊拆除附着在柱子上的主框架时，可先将最上部一个附着支座拆除，保留下部两个附着支座；在附着支座位置搭设挑架平台，以便于工人拆除固定螺栓，同时在每个附着支座下方导轨上加装两个扣件；用汽车吊垂直吊住导轨主框架并保持稳定，先拆除最下面一个附着支座，最后拆除中间部位附着支座，使主框架与结构分离，用汽车吊将该主框架吊至地面平放。

（7）拆除剪刀撑时必须三人同时作业，先拆中间扣件，再拆两端扣件，最后由中间人传递运至楼层内。

（8）继续重复以上步骤，从上至下拆除架体，直至拆除完毕。

（9）每天拆除作业后，必须将未拆除完毕的架子与结构进行可靠拉接。架体拆除后，拆除停留在建筑上的架体断口距离不得大于 2m。

3．塔式起重机拆除

附着式升降脚手架在主体结构封顶后，塔式起重机未拆除的情况下，可直接采取塔式起重机拆除。

塔式起重机拆除顺序和注意事项同汽车吊拆除。

3.6.4 全钢附着式升降脚手架拆除

全钢附着式升降脚手架架体拆除分为整体拆除以及架体内部拆除两部分。

具体操作步骤如下：

架体清理垃圾、准备拆除→将集体内所有提升装置拆除，并吊至地面分类堆放→安装起吊点→略收紧塔式起重机绳→拆除吊装单元间连接螺栓→拆除上下节连接螺栓→收紧塔式起重机组使上下节略脱开→松开附墙支座连接→吊拆上部拆除单元→吊拆下部拆除单元→地面上拆解拆除单元，材料退场。

1. 人工拆除

（1）架体中所有容易脱落构件，如网框固定销轴、电控单元等均用人、货两用电梯转运。

（2）运输单片底部架体人数：至少保证3人。

（3）钢管固定架主要为项目钢管扣件制作而成，固定在窗口部位。利用窗梁作为支撑，将钢丝绳绕在钢管上至少两圈。钢丝绳固定在架体上。楼层中至少设置两人斜拉钢丝绳，保证能吊动架体，楼底必须保证一人斜拉钢丝绳，保证架体运行的平衡性。

（4）清除附着式升降脚手架架体上杂物及地面障碍物。

（5）将附着式升降脚手架架体内的所有提升装置拆除，并吊至地面分类码放整齐。注意提升设备及控制设备等拆除、吊离时必须有保护措施，以免造成损坏。

（6）高层施工升降平台拆除顺序与其组装顺序相反，具体操作步骤如下：

1）拆除顺序与安装顺序相反，拆除顺序从上至下拆除。

2）先人工拆除最上层施工电梯处的立面防护网，注意立杆与导轨不能拆除。

3）拆除最上层走道板，拆除最上层立杆。

4）从上至下拆除第二层立面防护网，拆除后的材料堆放在楼层中。

5）继续重复以上2）～4）步骤，从上至下拆除里面防护网、走道板、立杆。

6）架体拆除后，拆除停留在建筑上的架体断口距离不得大于2m。

7）架体如为不连续拆除，架体拆除后的端头防护为密目网，并在端口处设置栏杆。防止人从端头处通过。

2．汽车吊拆除

（1）拆除前应根据汽车吊半径和吊重载荷能力确定分片拆除顺序和拆除单元大小，附着升降脚手架的拆卸工作必须按专项施工组织设计安全操作规程的有关要求进行。拆除工作前应对施工人员进行安全技术交底，拆除时应有可靠的防止人员与物料坠落的措施，严禁抛扔物料。为保证安全，按汽车吊极限吊重的一半确定拆除单元的大小。

（2）拆除前注意应选择无风或微风时进行，并设警戒线，杜绝人员进出。

（3）在即将拆除的架体上预先在立杆上绑两根缆风绳，用于起吊过程中稳定单元，防止摆动。

（4）拆除分为整体吊装以及架体内部拆除两部分。整体吊装由汽车吊进行，吊装的材料主要有走道板、网片、立杆，导轨、导座等不易松动的部件。架体内部由人工拆除，拆除的材料有吊点、电控单元、楼梯等易从架体上脱落的散件。

（5）架体整体吊装部分利用汽车吊从空中吊装至地面后解体。其余散件利用施工电梯或者汽车吊打包运输至地面。

（6）将吊用钢丝绳（或尼龙带）钩挂牢在分组处的架体一个单元的吊钩上，汽车吊稍往上提将其张紧。拆除架体里的导座，以竖向机位为一个单位，由上至下拆除导座连接螺栓。指挥汽车吊将一节架体上节慢慢往上吊，待架体与主体结构脱离后再吊放至地面平放。

（7）继续重复以上（2）步骤，直至拆除完毕。

（8）每次拆解时，工作人员应在不得分离架体上操作并系牢安全带。

3．塔式起重机拆除

附着式升降脚手架在主体结构封顶后，塔式起重机未拆除的情况下，可直接采取塔式起重机拆除。

塔式起重机拆除顺序和注意事项同汽车吊拆除。

3.6.5　拆架时的安全注意事项

（1）每次拆架作业前，现场管理人员必须对施工作业人员进行班前安全技术、人员分工、工作内容等交底并做好相应的记录。

（2）吊装拆除时，每吊架体的总重量不能超过起吊设备的起重性能参数。

（3）拆除作业中，施工队安全员必须现场指挥拆除，项目部安全员在现场协调指挥。

（4）拆除附着式升降脚手架时地面应作围栏和警戒标志，并派专人看护，严禁一切非操作人员入内。

（5）拆除人员必须戴安全帽、系安全带、穿防滑鞋。

（6）附着式升降脚手架拆除应按架体分组区段从上至下拆除，不得上下同时施工。

（7）拆除前应将附着式升降脚手架上存留的材料、杂物等清理干净，拆除后的附着式升降脚手架较大构件应及时用运送至地面分类堆放，严禁将材料、杂物等直接抛掷至地面。小构配件及标准件应装入容器后再运送至地面。

（8）运至地面的构配件须及时检查整修与保养，并按品种、规格整齐堆码存放，置于干燥通风处，防止锈蚀。

（9）严禁拆架施工作业人员酒后、带病、疲劳作业。

（10）当进行楼层出入口上方的架子进行拆除时，出入口应暂时封闭。架体如为不连续拆除，架体拆除后的端头防护为密目网，并在端口处设置栏杆，防止人从端头处通过。当有 5 级以上大风、大雾和下雨等天气时,不得进行附着式升降脚手架的拆除工作。

3.6.6 成品保护

附着式升降脚手架拆除时必须注意成品保护,严禁破坏、污染墙面、楼地面及门窗。每次拆架作业前现场管理人员必须进行任务分工和班前技术交底,并对上次施工作业所产生的问题进行分析并采取措施来预防以达到保护成品的目的。

(1)拆除后的所有构件及时吊运到地面指定处,并分门别类的码放整齐。

(2)螺栓、螺母、垫片等标准件和小构配件应装入容器,垂直运输至地面,严禁将其直接抛掷至地面。

(3)架体折叠单元、导轨等较大构件拆除吊离时,不能碰撞、破坏墙面。同时应用模板、硬纸壳将窗、不锈钢栏杆保护起来,避免发生碰撞破坏。严格按照技术交底的要求施工作业,拆架时做到不急不躁,在安全第一的情况下注意成品保护。

4 附着式升降脚手架的使用与维护

4.1 附着式升降脚手架的使用

4.1.1 附着式升降脚手架使用过程中严禁进行的作业

（1）利用架体吊运物料。
（2）利用架体作为吊装点和张拉点。
（3）在架体内推车。
（4）任意拆除结构件或松动连接件。
（5）随意拆除或移动架体上的安全防护设施。
（6）起吊物料碰撞或扯动架体。
（7）利用架体支撑模板。
（8）将物料平台与架体连接在一起。
（9）其他影响架体安全的作业。

4.1.2 附着式升降脚手架的安全使用

（1）附着式升降脚手架交付使用前，总承包单位、施工单位、监理单位必须严格按照"附着升降脚手架首次安装完毕及使用前检查验收表"的各项目进行检验验收，验收合格，填写验收表后方可使用。

（2）施工单位在施工过程中，应严格控制施工荷载。结构施工阶段应控制在 $3kN/m^2$ 以内，最多只能 2 步脚手架内同时受载。外墙装修阶段应控制在 $2kN/m^2$ 以内，可以 3 步同时受载，施工荷载不能集中堆放，应分散堆放，并设专人巡视监控。

（3）当附着式升降脚手架停用要超过 3 个月时应提前采取加固措施。

（4）当附着式升降脚手架停用超过 1 个月或遇到 6 级以上大风后复工时，应进行检查，确认合格后方可使用。

（5）遇到大风时的安全措施如下：

1）遇到大风（五级及以上）前应撤离所有堆放在附着式升降脚手架上的物料、构件等非固定物品。

2）遇到大风天气应停止提升或下降作业，附着式升降脚手架除主框架原有的附着拉结点外，建筑物每一层楼面上应增加一倍数量与建筑结构的临时附着拉结点（硬拉结）固定架体。

3）附着式升降脚手架外侧的安全网应与安全防护栏杆、立杆等固定牢固，每层脚手板与其下侧的纵横向水平杆做可靠固定。

4）附着式升降脚手架上端的悬臂部分与建筑结构做好附着拉结，数量每跨不少于三处。

5）切断所有的电源开关。

（6）附着式升降脚手架出现下列情况的，应当予以报废：

1）焊接结构件严重变形或锈蚀。

2）螺栓等连接件严重变形、磨损或锈蚀。

3）升降装置主要部件损坏。

4）防坠、防倾装置的部件发生明显变形。

4.2 附着式升降脚手架的维护保养

脚手架使用过程中对架体、升降机构、附着支承结构、防倾防坠装置、控制系统等应进行使用过程中的维护保养。

4.2.1 架体构架

（1）在升降之前先清除架体上的垃圾杂物、清理时应自上而下一步步清理，清理的垃圾应集中堆放在建筑物内，严禁向下、向外扔倒。

（2）附着升降脚手架在施工过程中应经常观察由于人为因素、机械撞击等原因引起的架体变形情况，出现架体变形时应及时进行修正。

（3）各连接螺栓要紧固。

4.2.2 附着支承结构

（1）及时清理穿墙螺栓丝杆处的混凝土，修复损坏的螺纹，涂黄油，使螺母拆卸自如。

（2）及时清理附着支座上的混凝土杂物，支顶器丝杆处涂黄油，支顶器丝杆转动调节自如。

（3）检查附着支座支顶器复位弹簧是否弹性可靠，如果失去弹性，及时更换，使支顶器摆动自如。

（4）检查附墙支座焊路有无出现裂纹。

（5）使用加长附墙支座时，斜拉杆拉紧。

4.2.3 升降机构

（1）检查电动葫芦链条是否有裂纹或断裂。

（2）及时清理导轨、电动葫芦、链条、钢丝绳、钢丝绳滑轮等部件上的混凝土杂物。

（3）给电动葫芦链条、钢丝绳、钢丝绳滑轮等部件加润滑油。

（4）检查附墙吊挂座、上挂座、下挂座、导轨等是否紧固，是否变形。

（5）检查钢丝绳是否有脱股、断头、扎头松动现象。

4.2.4 防坠装置

防坠安全制动器维修保养必须注意以下几个方面。

（1）防坠安全制动器的修理不能随意更换凸轮、齿板和制动杆的材料，特别是制动杆材料不能更换成强度大表面硬度高的材料，一定要按照设计选定的材料。

（2）定期对防坠安全制动器的活动部位加注润滑油，而凸轮的齿面、齿板和制动杆表面不能加润滑油。

（3）在工程中使用时应保持防坠安全制动器制动口的清洁，没有建筑垃圾，制动杆与防坠安全制动器的制动口保持垂直，其偏差不得大于3°，且应有防护罩。

（4）防坠安全制动器的修理应经专门培训的维修人员完成，防坠安全制动器修理后要进行制动性能的检测。

4.2.5　防倾覆装置

（1）及时清理防倾覆装置上的混凝土垃圾，定期给防倾导向轮加润滑油，使防倾导向轮转动自如。

（2）检查防倾导向轮安装螺栓是否紧固。

4.2.6　控制系统

（1）及时清理控制箱上的垃圾。

（2）检查电缆线、通信线、数据线绝缘保护皮是否破裂，有问题及时处理。

（3）检查各航空接头是否插紧、紧固。

（4）检查电线接头是否接触紧固。

（5）检查电控箱内电器元件是否潮湿，及时烘干。

（6）检查控制系统安全设置参数是否改变，改变了要及时修正。

（7）检查电控箱防雨、防潮、接地等保护措施是否完整。

4.3　附着式升降脚手架常见故障及处置方法

4.3.1　升降时低速环链葫芦断链

1. 产生原因

（1）大多数情况是在提升情况下下吊钩的链轮内有混凝土、石子等杂物，当运转时链条在链轮内的节距已改变而拉坏链条。

（2）低速环链葫芦运转时有翻链的情况，翻链的链条被拉坏。

（3）电动葫芦链条本身质量差。
（4）提升时架体超重,超过了电动葫芦的额定载荷。
2．处置方法
（1）附着式升降脚手架每次升降前应清理链轮内的建筑垃圾,并加油润滑链条。
（2）更换电动葫芦。
（3）升降前检查电动葫芦链条是否有裂纹和断裂。
（4）升降前清理架体上的垃圾、荷载使架体的重量在安全范围内。
（5）升降前清理阻挡架体提升的拉结、其他建筑结构、支模架等。

4.3.2 升降时架体与支模架相碰

1．产生原因
土建施工时支模板架向建筑外伸出距离太大,并进入附着式升降脚手架内,附着式升降脚手架在提升时,把模板支撑系统或脚手架架体拉坏。
2．处置方法
与土建施工项目部协调,要求木工在支模时支模架向建筑外伸出的距离不要大于20mm。

4.3.3 预埋孔堵住与斜拉杆遗漏

1．产生原因
（1）在预埋PVC管时,没有对预埋管的两端进行封闭,导致在浇捣混凝土时,混凝土进入预埋管内而堵住。
（2）在埋设PVC管时,预埋管没有固定好,导致在浇捣混凝土时,预埋管被移走而找不到预留孔。
2．处置方法
（1）在埋设PVC管时,首先要用胶带将塑料管的两端进行封闭,固定时一定要将塑料管的两端用铁丝与主筋扎牢。

（2）在浇捣混凝土时，派专员对预埋管位置进行监护以防振捣棒头将塑料管振坏或振走。

（3）用水钻重新开孔。

4.3.4 防坠装置失灵

1．产生原因

（1）防坠装置内漏入混凝土等杂物，内部传动机构失灵而不起制动作用。

（2）防坠杆太短，没有刺破机位处的底网，当附着式升降脚手架在提升时防坠制动杆被抬起。

2．处置方法

（1）在结构施工时，因散落的混凝土较多，故要对防坠安全制动器进行保护，特别是制动口要有防止混凝土和建筑垃圾进入的防护，附着式升降脚手架每次升降前要进行检查和清理建筑垃圾。

（2）防坠制动杆要有足够的长度，以满足架体提升高度安全防护要求。

4.3.5 荷载控制器失灵

1．产生原因

（1）荷载控制器的变送器受潮，接线被人为拉断而荷载控制器不起作用。

（2）控制器损坏。

（3）传感器损坏。

2．处置方法

（1）为防止荷载控制器的变送器受潮，应当有防雨措施并对线路经常检查，发现问题及时修复。

（2）用电吹风烘干受潮的控制器。

（3）接好电线或更换。

（4）更换损坏的控制箱或传感器。

4.3.6 斜拉杆附着边梁拉裂

1．产生原因

（1）混凝土强度未达到设计值。

（2）预埋孔离梁底的高度，不符合规定值。

（3）预埋孔处梁的截面宽度，不符合规定值。

（4）梁的配筋偏少，经验算，独立一点不能承受架体的荷载。

（5）由于故障或影响架体提升的障碍物未被及时发现导致该处受力过大，超过了梁的承载力，严重的会导致梁被破坏。

2．处置方法

（1）预留孔位置应在梁底向上200mm预留，孔两侧要有箍筋，必要时需经设计院复核验算，梁底加设受拉钢筋。

（2）附着式升降脚手架在提升前一定要有混凝土强度报告，混凝土强度要满足附着式升降脚手架附墙装置的要求。

4.3.7 升降时电控柜控制开关跳闸

1．产生原因

（1）附着式升降脚手架的总配电容量太小而不能正常启动。

（2）电气设备漏电。

2．处置方法

（1）附着式升降脚手架的供电线路应单独敷设，并要有足够的用电容量。

（2）查找漏电原因，进行处理。

4.3.8 架体局部外倾

1．产生原因

（1）部分导轨不垂直，可能是组装时垂直度超标或是架体升降后另一方向的架体偏高或偏低所致。

（2）架体悬臂部分未与结构进行可靠拉接。

（3）作业面吊运材料时被碰撞、拉拽。

（4）其他工种支顶架体。
（5）连续多个机位使用加长导座，安装时没有检查导轨与结构间的距离上下是否一致。

2．处置方法
（1）经常检查架体的垂直度，找出超标的原因，及时修正。
（2）升降完毕，及时将悬挑部分与结构进行可靠拉接，及时恢复组间拉接。
（3）吊运材料时严禁碰撞、拉拽架体。
（4）严禁其他工种支顶架体。
（5）采用加长导座进行附着的机位，必须用尺量的方式，检查导轨与结构的距离，偏差超过 50mm，可采用手拉葫芦向内拉或用千斤顶向外顶等方法进行调直。

4.3.9 附墙支座、吊挂件的紧固螺杆弯曲甚至剪断

1．产生原因
（1）附墙支座、吊挂件与结构间存在空隙，背板未紧贴结构。
（2）预埋孔水平偏差过大导致吊挂件上部紧贴，下部却与结构间存在空隙，或吊挂件受力角度过大，受力后螺杆受弯出现变形。
（3）螺杆未拧紧，附墙支座或吊挂件悬空，螺杆受弯。

2．处置方法
（1）严格控制预埋管的安装位置及质量。
（2）检查导致螺栓组件无法拧紧的原因并进行处理。如果是螺母或丝杆的原因要先修整或更换；如果是结构表面不平整必须先修平整后再安装。
（3）经常检查架体垂直度，发现偏差及时修整，架体外倾可采用手拉葫芦调到符合要求再安装。偏差过大采用其他工具都无法调整好的，必须松开扣件进行调整，将变形的杆件更换。

5 安全事故及处理

5.1 附着式升降脚手架安全预防措施

5.1.1 升降架上吊点强制安全标准

上吊点时架体与建筑结构的直接连接处，升降过程中承载全部的架体重量，其是否安全可靠直接影响架体的安全性，为此特制定以下标准：

（1）上吊点使用吊挂件的，吊挂件与结构连接必须使用 ϕ30mm 高强螺栓，且紧固牢固，端部用螺母紧固。

（2）上吊点在剪力墙或高度大于 450mm 梁上时必须使用吊挂件或加长吊挂件，且连接牢固。

（3）上吊点吊挂件与墙、梁必须贴紧牢固，下端不得悬空。

（4）阳台部位无上栏板时，必须使用槽钢吊挂件，槽钢长度不小于两倍阳台宽度，且加固牢靠。

（5）梁宽小于 250mm 且预埋孔距距梁底小于 300mm 时，严禁在梁上段设置上吊点。

（6）如上吊点确实不能采取其他可靠方式时，才可以考虑使用钢丝绳吊挂，但必须满足以下要求：

1）钢丝绳直径不小于 20mm，绳套必须编结，编结长度不小于 400mm。

2）钢丝绳上挂点必须使用专用吊挂件，并满足上述（1）、（2）、（3）条规定。

3）钢丝绳与墙角、楼板等尖锐角接触点必须用两根木方垫块垫起钢丝绳,防止钢丝绳受伤。

4)钢丝绳必须经常检查,一旦发现断丝、断股或压扁严重时,立即更换。

5)钢丝绳受力时其各段与水平夹角不小于45°。

(7)上吊点混凝土强度必须可靠,承力时不得小于20MPa,严禁使用人工掏挖的孔洞。

(8)下降阶段,上吊点预留孔必须逐个检查,预留孔周围混凝土结构有裂纹、压碎等破坏痕迹时,严禁使用,必须重新打孔。

5.1.2 防雷、冻雨、暴雪、雷雨、大风天气技术措施

1. 防雷技术措施

本项目按现行《建筑物防雷设计规范》GB 50057—2010,附着式升降脚手架在塔式起重机避雷针的防护半球范围以内(三类、60m半径)时刻不设避雷针装置,但当架体下降时,如果塔式起重机已经拆除,则架体应当增设防雷装置。在施工期间如遇有雷雨,升降架上的所有人员应立即离开。

2. 冻雨、暴雪天气的技术措施

有较大冻雨、暴雪天气预报时,应及时组织人员对架体增加附墙拉结固定。冻雨暴雪结冰期间架体严禁使用和升降作业。暴雪过后应及时组织人员清理架体上过厚积雪,防止架体载荷过重引起坠落坍塌。当出现上述天气情况后,架体应进行全面检查,无变形和异常情况方可投入使用。

3. 防雷雨、防大风措施

雷雨天气和五级以上大风应停止架上作业。同时要安装限位座、水平支顶拉接钢管等安全装置,大风过后要对架上的脚手板、安全网等认真检查一次。遇到强风时要提前把安全网拆开,以减少风荷载对架体的影响。

本地区雨季长,施工期间,工地应有专人负责发布气象资料,每天通报全体施工人员,以便安排工作和及时采取措施。

4. 防电措施

本项目周边无高压架空线路，但附着式升降脚手架是由工厂标准化生产的定型钢结构折叠架架体折叠单元组装而成，都是良导电体，所以，在高、低压线路下方均不得组装使用附着式升降脚手架。附着式升降脚手架架体的外侧边缘与外电架空线路的边线之间必须保持安全操作距离。最小安全操作距离应不小于表5-1所列数值。

附着式升降脚手架的外侧边缘与外电架空
线路的边线之间的最小安全操作距离　　　表5-1

外电线路电压等级（kV）	<1	1～10	35～110	220	330～550
最小安全操作距离（m）	4	6	8	10	15

注：斜道严禁搭设在有外电线路的一侧。

如在施工过程中有临时架空线路架设，当条件限制达不到规定的最小距离时，必须采取防护措施，如增设屏障或防护架等，并悬挂醒目的警告标志牌。

5.1.3 季节性施工安全技术要求

1. 夏季施工的技术措施

夏季高温天气施工，工人应注意防暑降温。根据天气预报发布的高温预报，适时调整露天作业时间，避开高温照射时段。避免因高温引发连锁事故；项目部针对员工高温作业配备如下生活用品：生活用房间配置降温设施，保证工人舒适休息；施工现场及作业楼层配备防暑药品和防暑饮料。

高温天气易引发火灾事故，应加强易燃物品（如油漆等）的防晒降温管理。

2. 冬季施工的技术措施

冬期施工混凝土的强度必须达到C20才能对脚手架进行升

降作业。混凝土的强度由项目负责及时出具相关资料作为依据。冬期施工应注意灾害性天气的信息发布，及时防范冻雨、暴雪的危害。

（1）冬期施工的混凝土选用硅酸盐水泥或普通硅酸盐水泥，水泥强度等级不宜低于32.5，每立方米混凝土中的水泥用量不宜少于300kg，水灰比不应大于0.6，并加入早强剂，必要时应加入防冻剂（根据气温情况确定）。

（2）为减少冻害，应将配合比中的用水量降至最低限度。办法是：控制坍落度，加入减水剂，优先选用高效减水剂。

（3）模板和保温层，应在混凝土冷却到5℃后方可拆除。当混凝土与外界温差大于20℃时，拆模后的混凝土表面，应临时覆盖，使其缓慢冷却。

（4）未冷却的混凝土有较高的脆性，所以结构在冷却前不得遭受冲击荷载或动力荷载的作用。

（5）当混凝土强度达到C20后，总包方应以书面形式通知分包方，分包方接到通知后方可安排脚手架施工。

3．雨季施工措施

附着升降脚手架的电器拖动系统在阴雨天气里极易返潮，发生短路从而导致整个电器系统瘫痪，无法保证升降脚手架的正常提升，为了避免此类事情发生，总包方应采取以下措施：

（1）输电线路应穿管，沿架体外排敷设，用尼龙带与钢丝网牢固绑扎。

（2）线管内的导线必须完好、无接头，否则容易发生短路的危险，并难以查找故障源，如无法避免一定要将接头位置用绝缘、防水胶带完全密封。

（3）每一个小控制箱和大控制器必须制作防护箱，防止雨水的进入。

（4）当下完雨后不宜马上提升或下降，待电器设备里的水蒸气挥发干后再开始提升或下降。

5.2 附着式升降脚手架各类紧急情况处置措施

5.2.1 安装过程中的紧急情况处置

（1）安装平台搭设不规范，附着式升降脚手架架体单元吊装后导致平台变形或失稳。

应急措施：

1）搭设负责人应通知立即停止后续吊装作业；

2）在确保安全的情况下将变形处架体单元吊运至地面，并对架体进行检查，及时更换变形构件；

3）对已完成安装的架体及安装平台进行检查，确保无明显异常情况；

4）对变形部位安装平台进行拆除，重新对安装平台进行设计计算，并将存在问题部位的安装平台拆除重新搭设，搭设完成后重新组织验收合格后方可进入下道工序。

（2）吊装架体单元荷载超过塔式起重机起重量极限。

应急措施：

1）搭设负责人在安装作业前必须掌握塔式起重机不同幅度区域的起重量极限，并合理分配安装吊装架体单元；

2）塔式起重机在起吊架体单元时应先将吊物吊离地面200～500mm后，检查塔式起重机性能，待吊物稳定后方可起吊，如重量限制器报警则暂停起吊；

3）吊装过程中随幅度变化接近塔式起重机起重量极限时，应缓慢控制塔式起重机小车行进，并将架体单元落至原起吊区域；

4）结合塔式起重机吊装参数重新对架体单元进行划分后方可进行安装。

（3）安装过程遇恶劣天气情况。

应急措施：

1）立即停止安装工作；

2）对正在吊装的架体单元应在确保安全的前提下，吊落至安全区域；

3）对已安装完毕及安装过程中的架体采取与结构拉结的措施，满足安装附墙支座的应及时安装附墙支座及防坠装置。

5.2.2 升降过程中的紧急情况处置

（1）升降作业时，架体上存在站人或堆载情况，或由于操作人员未完全清理运行轨迹中的障碍物，导致架体升降过程中碰撞变形。

应急措施：

1）每次升降作业前，必须对架体上人员、材料及其他影响架体升降的障碍物进行检查和清理，并组织总包、监理单位对架体提升条件进行验收，验收合格后方可开始升降作业；

2）提升过程中发现架体上存在异常情况需立即暂停提升，并对架体上人及材料进行清理后方可继续提升。

3）如升降过程中发生碰撞，需立即停止升降工作，并对架体进行全面检查，及时拆除障碍物，并对已变形构件进行校正或更换。

（2）升降过程中突然断电。

应急措施：

1）立即关闭架体用电总开关及各机位的控制箱电源；

2）立即安装附墙支座处的防坠装置及其他加固措施；

3）做好临边及底部防护措施；

4）联系专业电工对现场配电系统及架体电路进行排查，确认断电原因及来电时间。

（3）升降过程中，由于旁站人员不足或同步装置失效等原因，导致架体未同步提升，相邻机位高差超过规范要求。

应急措施：

1）升降作业需配备充足的操作人员，升降过程合理分工对每个机位进行看护；

2）如架体出现未同步提升状况需立即暂停架体升降，对架体各机位进行全面排查，确认未同步原因；

3）对同步装置进行维修或更换，恢复后对未同步机位进行单片架体微调，待调整同步后方可继续进行升降作业。

（4）升降过程中升降机构（电动葫芦、液压油缸）或其他构件发生故障或损坏。

应急措施：

1）应立即停止架体升降，如强行运行宜发生架体变形或结构拉裂等状况；

2）对升降机构进行检查排障，如需更换电动葫芦或液压油缸，应将故障位置处导轨用钢丝绳拉接到结构上，钢丝绳受力后，将电动葫芦或液压油缸缓慢卸力拆卸，更换备用电动葫芦或油缸，调试预紧后，方可继续使用。

3）对架体进行全面排查，对发生故障的构件进行维修或更换。

（5）升降过程中导轨与附墙支座间形成夹角，操作人员未及时发现导致混凝土拉裂现象。

应急措施：

1）当架体发生剧烈振动或异响时，应立即停止升降作业；

2）立即安排人员检查异常原因；

3）对拉裂部位混凝土进行修复或加固；

4）对架体垂直度进行复核并调整，检查附墙支座及吊点安装是否合理。

（6）升降过程中由于翻板打开导致杂物从缝隙中坠落。

应急措施：

1）每次升降作业前必须对架体上杂物进行清理；

2）升降过程中，架体下方需设置警示区，禁止人员进入施工及通行；

3）架体正在升降单元所覆盖范围内，禁止人员作业。

（7）提升前由于工期或气候原因导致混凝土强度不满足提升要求的。

应急措施：

1）禁止提升作业；

2）待混凝土强度达到设计要求后方可进行提升作业。

（8）升降后附墙支座因障碍物或预埋孔偏位等原因无法安装采取的措施。

应急措施：

1）清除影响附墙支座安装部位的障碍物；

2）如暂时无法安装架体必须采取其他措施与建筑物内稳定结构进行拉结，防止架体倾覆；

3）如预埋孔偏位应立即安排人员重新进行开孔，确保附墙支座全部安装。

（9）由于附墙支座无法安装或预埋孔位不精准，导致升降作业过程中导轨等构件变形。

应急措施

1）升降作业前必须检查所有附墙支座是否安装到位，如存在附墙支座未安装严禁升降作业；

2）对已变形部位构件使用手拉葫芦进行校正，附墙支座预埋孔位不精准的需重新进行开孔安装；

3）对架体升降条件重新进行检查，确认无异常后方可继续进行升降作业。

（10）升降过程中遇恶劣天气。

应急措施：

1）如遇五级及以上大风天气应立即停止升降作业，切断架体用电总开关及各机位的控制箱电源，并安装防坠装置，同时增设其他拉结措施，防止架体倾覆；

2）如遇雷雨天气时应立即停止升降作业，切断架体用电总开关及各机位的控制箱电源，并安装防坠装置，待天气好转后方可继续升降作业；

3）对暂停升降作业的架体，应对底部翻板进行恢复，并对存在安全风险的部位采取必要的防护及警示措施。

5.2.3 使用过程中的紧急情况处置

（1）结构施工作业人员因架体构件影响施工而自行拆卸或损伤爬架构件。

应急措施：

1）在使用过程中需经常性对架体进行安全检查，发现此类问题应立即要求架体专业分包单位进行恢复；

2）对结构施工工艺进行分析，确定作业人员私自拆除原因，并采取必要的措施或工艺改进来避免类似问题再次发生。

（2）使用过程中遇恶劣天气。

应急措施：

1）附着式升降脚手架使用时需密切关注天气变化，如有异常天气预警需及时作出对应响应措施；

2）如遇强降雨天气需检查架体用电总开关是否关闭；

3）如遇六级及以上大风天气，需及时对架体上杂物进行清理，对架体附墙装置、防坠装置、翻板等进行检查，确保无异常。同时架体应采取必要措施与结构进行拉结。

4）如遇暴雪天气时，需及时安排人员清理架体上的积雪，以减少架体荷载。

（3）架体上作业人员违规堆载或在架体上吊运材料导致架体变形。

应急措施：

1）立即清理架体上违规堆放的材料；

2）对架体变形部位的构件进行加固校正或更换；

3）加强对分包作业人员及塔式起重机操作人员安全教育，严禁在架体上堆放材料。

（4）使用过程中局部防坠装置失灵。

应急措施：

1）立即要求暂停架体上人作业；

2）同时对架体进行全面的安全检查，确认是否存有其他安全隐患；

3）对失灵的防坠装置进行维修或更换，整改完成后方可继续使用。

（5）架体因违规动火作业导致火灾事故。

应急措施：

1）架体上应配备消防器材，发生初起火险时应立即消除火灾隐患，如火势过大需立即确认启动火灾应急预案，及时确认架体用电总开关是否关闭；

2）严格落实动火制度，动火点应设置监火人及消防器材，防止发生火灾事故。

5.2.4 拆除过程中的紧急情况处置

（1）拆除时遇恶劣天气。

应急措施：

1）立即停止拆除作业，已吊装的架体单元在确保安全的情况下吊落至安全区域；

2）架体与结构采取相应的加固措施，对于已拆除的防坠装置应立即恢复；

3）清理架体上堆放的活动构件，防止应大风导致高空坠物；

4）拆除人员撤离，并对存在安全风险的部分进行必要的防护及警示措施；

（2）拆除时架体单元分组过大，导致荷载超过塔式起重机在该幅度最大起重量。

应急措施：

1）拆除前应掌握起重机械起重性能；

2）根据起重机起重量划分拆除时起吊架体单元，制定切实可行的拆除方案后方可进行拆除作业，严禁超载吊装。

（3）拆除作业人员在架体上违章堆放拆除构件，准备随架体单元共同吊装。

应急措施：

1）立即制止作业人员违章行为，架体单元在起吊前不得在架体上堆放任何可活动构件；

2）所有小型配件不得随架体单元共同吊装，应传递至室内采取施工电梯运输。

5.3 附着式升降脚手架事故案例及分析

5.3.1 某附着式升降脚手架坠落事故

2007年某月，某城市某商住楼工地脚手架施工中发生坠落事故，造成2人死亡、2人重伤。

1. 事故发生经过

该工程3号楼东北角的一组脚手架由14个机位组成。在当日上午8时许，作业班组计划将附着升降脚手架从第11层下降到第10层，在做下降准备工作时，发生13个机位坠落的事故，造成2人死亡、2人重伤。

2. 事故原因分析

（1）技术方面

事故发生的直接原因：

1）升降工况时，未按施工方案进行施工，最重要承力构件"吊挂件"缺失，而采用钢丝绳直接绕挂在混凝土梁上，用夹紧钢丝绳的方式替代"吊挂件"，且钢丝绳绳夹连接方式也不符合起重机械相关规范的连接要求，最后因钢丝绳夹滑移失载。

2）安全防坠构件设计不当，安全防坠装置直在上升作业及瞬间坠落时才可起作用，下降工况当机位钢丝绳卡滑移失载时，摆针式防坠装置完全不起作用，现场使用中安全防坠构件无日常维护保养，大部分处于失效状态。

3）底部桁架在坠落的31号机位与32号机位转角处没有采取可靠连接措施，也无加固措施，导致一机位失载时，该处架体整体断裂，无法分担失载机位荷载，使失载量全部转移到另一相邻30号机位，并发生后续12个机位连锁脱落的坠落事故。

（2）管理方面

脚手架已经经过多次升降作业，现场管理人员未对设备关键部位做检查或发现后置之不理。附着升降脚手架升降时，有明确规定架子上不允许有其他工作作业，应派专人巡视。而此次架子上其他人员较多，现场操作工人安全意识淡薄。以上各项证明：现场管理人员管理没有到位，安全意识薄弱，对现场情况该进行教育、监督管理的地方没有做好工作。

（3）事故教训与警示

1）施工单位和附着升降脚手架专业承包单位要严格进行附着升降脚手架的安全技术管理，加强附着升降脚手架结构件，特别是安全装置的检查，发现问题，及时整改。

2）现场管理人员未能发现违章施工或发现后未制止，对工人的安全教育不够，以致出现此次安全事故。工程安全工作必须做到细致入微，任何一个小的隐患都有可能酿成一次大的事故，施工单位应加强安全管理，必须勤检查、严管理，只有认真工作才能避免此类事故的发生。

5.3.2 某附着式升降脚手架严重变形事故

2018年某月，某城市某商住楼工地附着升降脚手架施工中造成架体严重变形、结构件损坏无法使用事故。

1. 事故发生经过

该商住楼西边单元架体在下运行过程中，由于一个机位防坠器故障卡阻了导轨，造成架体下运行过程中架体严重变形，导致结构件损坏无法使用，只得做拆除处理。

2. 事故原因分析

（1）技术方面

事故发生的直接原因：

1）防坠器构件设计不合理，防坠器在下运行过程中容易失效，也容易发生卡阻现场，该架体采用的星轮式防坠器，在正常下运行过程中也发生了卡阻现场,不能自动复位,且架体防坠器长期没有进行维护保养,导致不能正常工作。

2)同步控制系统失效,在运行过程中一个机位发生卡阻不能正常下运行时,该机位失载,同时两侧机位超载,同步荷载控制系统对失载和超载情况不能及时报警,更不能在失载和超载情况下自动停机,同步控制系统形同虚设。

(2)管理方面

1)在运行过程中现场监督不到位,运行时操作人员配备不足,操作人员责任心不强,导致巡查不到位,出现问题不能及时发现,在作业过程中没有认真履行职责,没能对运行情况进行实时监控。

2)现场管理人员对架体关键部位检查不严或检查出问题后不能及时采取有效处理措施,各构件没有按照要求定期进行维护保养,且安全意识薄弱,对工人监管不严,没有严格执行安全技术交底制度。

3)使用单位、监理单位在运行过程中没有派人进行旁站监督。

(3)事故教训与警示

1)脚手架施工单位必须严格按照施工方案和操作规程进行施工,制定合理的检查制度,对架体安全装置定期检查和保养,发现问题及时整改,消除安全隐患,严格执行安全技术交底制度,确保架体安全装置齐全有效,确保架体各结构件正常。

2)脚手架使用单位必须严格监督脚手架施工单位严格落实安全专项施工方案,认真履行各项安全制度,对架体结构进行仔细检查,核实脚手架型式、构配件等是否与鉴定产品一致。在架体搭拆、升降作业时派专人监督,在架体使用和运行前严格落实检查制度并旁站监督。

附录 附着式升降脚手架验收表

附着式升降脚手架首次安装完毕及使用前检查验收表　附表1

编号：TC

工程名称		结构形式	
建筑面积		机位布置情况	
总包单位		项目经理	
租赁单位		项目经理	
安拆单位		项目经理	

序号	检查项目		标准	检查结果
1	保证项目	竖向主框架	各杆件的轴线应汇交于节点处，并应采用螺栓或焊接连接，如不汇交于一点，应进行附加弯矩计算	
2			各节点应焊接或螺栓连接	
3			相邻竖向主框架的高差≤30mm	
4		水平支承桁架	桁架上、下弦应采用整根通长杆件，或设置刚性接头；腹杆上、下弦连接采用焊接或螺栓连接	
5			桁架各杆件的轴线应相交于节点上，并宜采用节点板连接构造连接，节点板的厚度不得小于6mm	
6		架体构造	空间几何不可变体系的稳定结构	
7		立杆支承位置	架体构架的立杆底端应放置在上弦节点各轴线的交汇处	

190

续表

序号	检查项目		标准	检查结果
8		立杆间距	应符合现行行业标准《建筑施工扣件式钢管脚手架安全技术规范》JGJ 130 中小于等于 1.8m 的要求	
9		纵向水平杆的步距	应符合现行行业标准《建筑施工扣件式钢管脚手架安全技术规范》JGJ 130 中小于等于 1.8m 的要求	
10		剪刀撑设置	水平夹角应满足 45°～60°	
11		脚手板设置	架体底部铺设严密,与墙体无间隙,操作层脚手板应铺满、铺牢,孔洞直径小于 25mm	
12		扣件拧紧力矩	40～65N·m	
13	保证项目	附墙支座	每个竖向主框架所覆盖的每一楼层处应设置一道附墙支座	
14			使用工况,应将竖向主框架固定于附墙支座上	
15			升降工况,附墙支座上设有防倾、导向的结构装置	
16			附墙支座应采用锚固螺栓与建筑物连接,受拉螺栓的螺母不得少于两个或采用单螺母加弹簧垫圈	
17			附墙支座支承在建筑物上连接处混凝土的强度应按设计要求确定,但不得小于 C20	
18		架体构造尺寸	架高≤5 倍层高	
19			架宽≤1.2m	
20			架体全高×支承跨度≤100m²	
21		架体构造尺寸	支承跨度直线型≤6m	
22			支承跨度折线或曲线型架体,相邻两主框架支撑点处的架外侧距离≤4.5m	
23			水平悬挑长度不大于 2m,且不大于跨度的 1/2	
24			升降工况上端悬臂高度不大于 2/5 架体高度且不大于 6m	
25			水平悬挑端以竖向主框架为中心对称斜拉杆水平夹角≥45°	

续表

序号	检查项目		标准	检查结果
26	保证项目	防坠落装置	防坠落装置应设置在竖向主框架处并附着在建筑结构上	
27			每一升降点不得少于一个,在使用和升降工况下都能起作用	
28			防坠落装置与升降设备应分别独立固定在建筑结构上	
29			应具有防尘防污染的措施,并应灵敏可靠和运转自如	
30		防倾覆设置情况	防倾覆装置中应包括导轨和两个以上与导轨连接的可滑动的导向件	
31			在防倾导件的范围内应设置防倾覆导轨,且应与竖向主框架可靠连接	
32			在升降和使用两种工况下,最上和最下两个导向件之间的最小距离不得小于2.8m或架体高度的1/4	
33			应具有防止竖向主框架倾斜的功能	
34			应用螺栓与附墙支座连接,其装置与导轨之间的间隙应小于5mm	
35		同步装置设置情况	连续式水平支承桁架,应采用限制荷载自控系统	
36			简支静定水平支承桁架,应采用水平高差同步自控系统,若设备受限时可选择限制荷载自控系统	
37	一般项目	防护设施	密目式安全立网规格型号≥2000目/100cm²,≥3kg/张	
38			防护栏杆高度为1.2m	
39			挡脚板高度为180mm	
40			架体底层脚手板铺设严密,与墙体无间隙	
检查结论				
检查人签字	总包单位		分包单位	租赁单位	安拆单位

符合要求,同意使用(　　　)
不符合要求,不同意使用(　　　)
总监理工程师(签字)　　　　　　　　　　年　　月　　日

注:本表由施工单位填报,监理单位、施工单位、租赁单位、安拆单位各存一份。

附着式升降脚手架提升、下降作业前检查验收表　　附表2

工程名称		楼号	
所在楼层		验收机位	
总包单位		项目经理	
租赁单位		项目经理	
安拆单位		项目经理	

序号	检查项目		标准	检查结果
1	保证项目	支承结构与工程结构连接处混凝土强度	达到专项方案计算值，且≥C10	
2		附墙支座设置情况	每个竖向主框架所覆盖的每一楼层处应设置一道附墙支架	
3			附墙支座上应设有完整的防坠、防倾、导向装置	
4		升降装置设置情况	单跨升降式可采用手动葫芦；整体升降式应采用电动葫芦或液压设备；应启动灵敏，运转可靠，旋转方向正确；控制柜工作正常，功能齐备	
5		防坠落装置	防坠落装置应设置在竖向主框架处并附着在建筑结构上	
6			每一升降点不得小于一个，在使用和升降工况下都能起作用	
7			防坠落装置与升降设备应分别独立固定在建筑结构上	
8			应具有防尘防污染的措施，并应灵敏可靠和运转自如	
9			设置方法及部位正确，灵敏可靠，不应人为失效和减少	
10			钢吊杆式防坠落装置，钢吊杆规格应由计算确定，且不应小于$\phi25mm$	

续表

序号	检查项目		标准	检查结果
11	保证项目	防倾覆设置情况	防倾覆装置中应包括导轨和两个以上与导轨连接的可滑动的导向件	
12		防倾覆设置情况	在防倾导向件的范围内应设置防倾覆导轨，且应与竖向主框架可靠连接	
13		防倾覆设置情况	在升降和使用两种工况下，最上和最下两个导向件之间的最小间距不得小于2.8m或架体高度的1/4	
14		建筑物的障碍物清除情况	无障碍物阻碍外架的正常滑升	
15		架体构架上的连墙杆	应全部拆除	
16		塔式起重机或施工电梯附墙装置	符合专项施工方案规定	
17		专项施工方案	符合专项施工方案规定	
18	一般项目	操作人员	经过安全技术交底并持证上岗	
19		运行指挥人员、通信设备	人员已到位，设备工作正常	
20		监督检查人员	总包单位和监理单位人员已到场	
21		电缆线路、开关箱	符合现行行业标准《施工现场临时用电安全技术规范》JGJ 46—2005 中的对线路负荷的计算要求；设置专用的开关箱	
检查结论				
检查人签字	总包单位（签章）	分包单位（签章）	租赁单位（签章）	安拆单位（签章）

符合要求，同意使用（　　）
不符合要求，不同意使用（　　）
总监理工程师（签字）　　　　　　　　　　年　　月　　日

注：本表由施工单位填报，监理单位、施工单位、租赁单位、安拆单位各存一份。

附着式提升卸料平台安装及使用前检查验收表　　附表3

工程名称		建筑高度		建筑层数	
结构形式		平台数量		限载值（kN）	
总包单位			项目经理		
使用单位			项目经理		
专业施工单位			项目经理		

序号	检查项目		检查内容	检查结果
1	保证项目	结构状况	有安全专项施工方案、计算书	
2			平台结构和计算书相符	
3			导轨高度≥3层楼高度	
4			导轨上附着支承数量≥3	
5			卸料平台挑出长度≤5m	
6			卸料平台面积≤12m²	
7			导轨间设置连系构件和剪刀撑	
8			斜拉式卸料平台每侧设置双拉杆，且端点不在同一节点上	
9			不与附着式升降脚手架等相连	
10		结构构件与节点	拉杆处于张紧状态	
11			构件型号、截面尺寸和壁厚符合设计要求	
12			连接节点构造、连接螺栓数量和直径符合设计要求	
13			构件无明显变形、开焊、严重锈蚀等，连接轴销无明显变形	
14		附着支承	竖向导轨所覆盖的楼层有附着支承，附着支承有防倾、导向装置	
15			附着支承连接处的混凝土强度符合设计要求，且≥10MPa	
16			附墙支承采用双螺栓锚固，螺母厚度≥螺杆直径，螺杆露出长度≥3扣	
17			垫板尺寸符合设计要求，且≥100mm×100mm×10mm	
18			卸料平台固定在附着支承上	

续表

序号	检查项目		检查内容	检查结果
19	保证项目	防倾装置	最上和最下导向件的间距应≥5.6m,或≥1/2导轨长	
20			防倾装置导向件与导轨的间隙 5mm	
21		防坠装置	导轨上有防坠装置,且安全可靠,有防尘、防污染措施	
22			防坠落装置与升降设备分别固定于建筑结构	
23			防坠钢吊杆的规格由计算确定,且≥ϕ25mm	
24		同步控制系统	有同步控制系统	
25			荷载控制系统能以声光形式自动报警、显示报警机位和使动力设备自动停机	
26			位移控制系统有监测升降点升高和超高的数据。平台两侧高差 30mm 时,能自动停机	
27			具有自身故障报警功能	
28	一般项目	其他	有安装和使用的技术交底记录	
29			平台横梁间距不宜大于 400mm	
30			平台底面和外围采用钢面板	
31			侧围护板的高度≥1.2m	
32			平台与主体楼层间有硬质水平防护,无间隙	
33			电气系统有有效的防护措施	
34			监测数据能实时显示和储存,数据采样周期≤0.02s,储存时长≥6个月	
35			显著位置设置限载警示牌	
验收结论		符合要求,同意使用( )		
	整改内容	经整改后符合要求,同意使用		
检查人签字		总包单位	使用单位	专业施工单位
		年 月 日		

注:本表由施工单位填报,监理单位、总包单位、使用单位、专业施工单位各存一份。

升降式卸料平台提升前检查验收表　　　　附表4

工程名称		建筑高度		建筑层数	
安装楼层		平台数量		限载值（kN）	
总包单位				项目经理	
使用单位				项目经理	
专业施工单位				项目经理	

序号	检查项目		检查内容	检查结果
1	保证项目	结构状况	有技术交底记录	
2			构件无缺失、变动和损坏	
3			构件无明显变形、开焊，连接轴销无明显变形	
4			连接螺栓无缺失、松动	
5			与建筑结构拉结的拉杆已解除或重新固定	
6			拉杆处于张紧状态	
7			不与附着式升降脚手架等相连	
8			解除或重新安装导轨与附着支承之间的约束	
9			平台内的杂物、建筑垃圾已清理	
10			影响升降作业的约束已解除	
11			妨碍升降的障碍物已排除	
12			就位后固定完毕，符合安全专项施工方案的规定	
13		附着支承	附着支承连接处的混凝土强度符合设计要求，且≥10MPa	
14			最上层附着支承安装完毕，且安全可靠	
15			附墙支承采用双螺栓锚固，螺母厚度≥螺杆直径，螺杆露出长度≥3扣	
16			垫板尺寸符合设计要求，且≥100mm×100mm×10mm	
17		防倾装置	在升降工况下，最上和最下导向件的间距≥2.8m，或≥1/4架高	
18			防倾装置导向件与导轨的间隙5mm	

续表

序号	检查项目		检查内容	检查结果
19	保证项目	防坠装置	防坠装置安全可靠,有防尘、防污染措施	
20			防坠落装置与升降设备分别固定于建筑结构	
21		同步控制系统	电线、电缆外皮无破损,连接无松脱	
22			动力设备和传感器工作正常	
23			同步控制系统经检查、调试,运行正常、可靠	
24	一般项目	其他	停层位置和楼层的高差≤20mm	
25			平台与主体楼层间有硬质水平防护,无间隙	
26			显著位置设置限载警示牌	
验收结论	整改内容		符合要求,同意使用(　)	
			经整改后符合要求,同意使用(　)	
检查人签字		总包单位	使用单位	专业施工单位

年　　月　　日

注:本表由使用单位填报,监理单位、总包单位、使用单位、专业施工单位各存一份。